제로 육아

불안ZERO 자신감UP

자존감UP

존중감UP

자신감ZERO 스트레스ZERO

잠부심감UP 화ZERO

"힘 빼고
나만의 룰대로
키운다!"

# 제로 육아

김진선 지음

명령ZERO 훈육ZERO

21세기북스

# 차례

## 3장 제로 육아로 훈육을 바꾸다

# 육아 사이다가
# 필요한 당신에게

우리는 왜 육아서를 읽을까요?

"아이를 잘 키우고 싶어서."

아마 대부분 이 답이 떠오를 것입니다. 제가 너무 쉬운 걸 물었나 보군요. 좋습니다. 그럼 다른 질문을 던져보죠. 아이를 키우는 데에 육아서가 진짜 도움이 되던가요? 혹시 읽을수록 왠지 자신감이 떨어지고 걱정이 늘어나지 않던가요?

불안만큼 부모의 마음을 잡아끄는 게 없죠. 수많은 육아 정보와 상품들은 이 약점을 파고듭니다. '창의력 있는 아이로 키우

려면? 이렇게 대화하세요!', '우리 아이 정서 발달, ○○로 도와
주세요!'

문장 자체는 발랄합니다. 결과도 긍정적이군요. 창의력 있는
아이가 되고, 정서가 발달한다잖아요. 하지만 듣는 입장에선 그
렇지 않습니다.

'부모가 ＿＿해야, ＿＿하는 아이가 됩니다'라는 문장의 홍
수 속에 우리의 가슴은 답답해집니다. 이 말은 '이렇게 하지 않
으면 아이가 잘못된다'로 들리거든요.

**"아이와 적극적으로 놀아주세요. 함께 보내는 시간의 양보다 질이
더 중요합니다."**

→ 놀아주는 건 진짜 못하겠는데. 그럼 우리 애는 방치되고 있
　 는 걸까.

**"생후 36개월까지는 애착 형성에 중요한 시기예요. 안정된 양육
환경이 필요해요."**

→ 회사 그만둬야 하나. 우리 아이가 예민한 게 혹시 그동안 엄
　 마가 키워주지 못해서인가.

"아이가 소심해서 친구를 사귀지 못한다면 엄마가 기회를 만들어 주세요."

→ 내가 안 나서면 우리 애는 왕따 예약인가. 나도 소심한 성격인데, 잘할 수 있을까?

여러분은 어떤 느낌이 드시나요? 전 개인적으로 이런 문구들이 참 싫었습니다. 제 마음을 괴롭히니까요. 솔직히 '이거 근거가 있긴 한 거야? 이렇게 안 하면 진짜 아이가 잘못돼?' 이런 삐딱한 의문도 들었고요. 그럼에도 불구하고 눈 질끈 감고 무시하긴 어려웠습니다. 귀가 팔랑팔랑, 마음이 싱숭생숭 어지러웠지요.

이처럼 세상이 권하는 기준에 맞추다 보니 저 역시 육아가 너무 버거웠습니다. 그럴 때마다 육아서를 통해 답을 구해보았지만, 이렇게 책대로 안 되는 건 처음 봤어요. 참 신기하게도 읽으면 읽을수록 제 부족함만 깨닫고 나아지는 건 없더군요. 몇 년 동안 어떤 책을 보아도 저는 60점짜리 엄마를 벗어나지 못했어요. 아니요, 솔직히 말하면 육아 지침들 중 제대로 실행한 게 거의 없었어요. 제 아이는 육아 예언서에 따르면 잘 자라기 힘들 것 같았지요.

그러다 점점 화가 나더군요. 가만 놔둬도 머릿속이 복잡해 힘들어 죽겠는데, 굳이 주변에서 고민거리를 더 안겨주잖아요. 그것도 소위 '엄마와 아이를 위합니다'라고 자청하는 사람들이 말이에요. 쓸데없는 걱정이 에너지를 얼마나 잡아먹어요? 엄마와 아이를 위한 '진짜' 조언이라면, 오히려 걱정을 줄여줘야 하는 것 아닌가요?

그래서 이 책을 쓰게 되었습니다. 세상 모든 엄마들에게 '걱정할 것 하나 없다'라는 말을 전하고 싶어서요. 아이 좀 키우고 보니, 우리 집이든 남의 집이든 부모만 애가 탔지 정작 애들은 고만고만 잘 자라더라고요. 무조건 지켜야 할 것 같았던 지침들도 '왜 그땐 이게 그렇게까지 고민이었지? 왜 마음 고생했니?' 하고 헛웃음이 나오는 게 대부분이었습니다.

산더미 같은 육아 지침에 지쳐버린 당신이라면 잘 오셨어요. '안 해도 괜찮은 것들' 이 책에서 알려드릴게요. 똑똑하고 예의 바른 아이를 만들기 위해 엄마가 반드시 해야 한다고 떠도는 소문들이 진실인지 아닌지, 객관적인 근거와 함께 파헤쳐보겠습니다.

육아가 어려운 분도 이리 오세요. '쉽게 해결하는 방법들' 여기 있어요. 혹시 저에게만 쉬운 방법 아니냐고요? 걱정 마세요.

저는 자타공인 저질 체력의 소유자거든요. 제 아이들은 저를 닮아 예민하고 까칠한 성격이고요. 쉬운 아이 키워보고 쓴 책 아닙니다. 10년 동안 진흙탕에서 울고 웃고 구른 진짜 경험을 담은 책입니다. 도덕교과서 같은 소리 안 합니다. 안심하고 읽으셔도 괜찮아요.

저는 진심으로 이 책이 아이를 키우는 데 도움이 되기를 바랍니다. 육아가 힘들 때마다 꺼내 보는 책장 속의 안식처가 되었으면 좋겠습니다. 사랑하는 자녀에게 웃어줄 수 있는 여유를 찾아주고 싶어요. 그렇게 된다면 아이는 자연히 잘 자라게 될 것입니다. 이게 바로 우리가 원하는 궁극의 목표지요. 더 바랄 게 있을까요?

이제 저와 함께 부담, 걱정, 불안 없는 제로 육아의 세계로 들어가 보시죠.

불안ZERO
자신감UP
수면UP
스트레스ZERO
화ZERO
졸음ZERO
병렬ZERO
행복감UP
집중력ZERO

1장

# 제로 육아로
# 생활을 바꾸다

# 아이를 진정 사랑한다면
# 노력은 이제 그만

아이를 키우는 동안 우리는 엄청난 스트레스를 감당하게 됩니다. 20대 후반에서 40대 초반까지는 혼자 살아도 스트레스가 많을 때인데, 덧붙여 나 없이는 밥 한 끼조차 못 먹는 아이를 돌봐야 하잖아요.

아이들은 거동이 불편하고, 수저질에 서투르며, 혼자서 씻지도, 대소변을 가리지도 못합니다. 또 넘어지기는 얼마나 잘 넘어지는지요.

차에 타고 내릴 때마다 들어서 옮겨야 하고, 아이들을 위한 바퀴 달린 의자를 가지고 다녀야 합니다.

정신적으로도 많은 스트레스를 받습니다. "이건 뭐야? 이건 왜 이래? 엄마 엄마, 이거 알아?" 아이들은 끊임없이 뭔가를 물어봅니다. 그리고 조금이라도 마음에 안 들면 소리를 지르고 온몸으로 울분을 내뱉습니다.

우리는 요양보호사이자 감정노동자로, 동시에 투잡을 뜁니다. 이게 끝이 아니죠. 집 안은 매일같이 거지꼴이잖아요. 가사도우미도 합니다. 이미 몸이 두 개라도 모자라요.

언젠가부터 거울 속 얼굴은 항상 화가 나 있어요. 웃어보려 하는데 웃을 여력이 없네요. 아이가 '엄마'라고 부르는 소리에 부담이 몰려옵니다. 사랑하는 아이와 배우자에게 쉴 새 없이 소리를 지르고 있군요. 이러려고 결혼해서 아이를 낳았나 자괴감이 들어요.

그저 도망가고 싶습니다. 이런 삶이 언제까지 계속될까 두려워요. 그러다 문득 궁금해지죠. 분명 행복해지고 싶어서 결혼하고, 아이를 낳고, 일말의 거짓 없이 열심히 살고 있는데, 왜? 대체 왜 불행한 거지?

어이쿠, 그런데 맘대로 불행하지도 못하네요. 엄마가 표정이 어두우면 안 된대요. 엄마가 행복해야 아이가 행복하대요. 미소 짓는 업무가 추가됩니다.

"솔직히 웃을 기운 없어요. 힘들어 죽겠어요"라고 하소연할 데도 마땅찮습니다. "아이 키우는 게 다 그렇지. 너만 힘드냐? 그리고 솔직히 애 키우는 게 뭐가 힘들다고 그래? 그냥 키우면 되지." 친정어머니조차 이렇게 말하는걸요.

하지만 모르는 소리. 요즘이 그때랑 같나요. 예전에 부모가 아이와 놀아줬나요? 책은 얼마나 읽어줬겠어요? 영어 공부하는 유치원생이 어디 있었어요? 아이가 뛰어놀기만 하면 밖에 종일 내놨었잖아요. 집 안에 있을 때는요? 내내 TV 봤죠.

요즘에 아이랑 안 놀아주는 부모는 '나쁜 부모'라 불려요. 책은 기본으로 매일 읽어줘야 하고요. 요즘 세상에 영어 못 하면 도태돼요. 아이가 밖에서 혼자 놀고 있다? 방치된 아이로 찍혀요. 집에서 온종일 TV만 틀어줬다간 애 바보 된다고 전국의 어머니들이 달려들걸요.


부모가 육아에 정성을 쏟는 것은 물론 바람직한 일입니다. 아이한테도 좋을 테고요. 하지만 요즘은 그 정도가 과한 것 같아요. 부모가 감당할 수 없는 수준까지 자신을 몰아부치는 경우가 많지요.

'번아웃 증후군'이라고 들어보셨죠. 노력하다 탈진해서 아예 포기하는 거요. 대한민국 엄마들이 이걸로 사실 픽픽 쓰러지고 있거든요. 애고 뭐고, 다 놓고 도망가고 싶지만 티를 안 낼 뿐이죠.

우리는 현재 자기 살 파먹으면서 버티고 있습니다. 목숨 같은 아이를 포기할 순 없으니까요. 문제는 그러다 결국 내가 사라진다는 거예요. 에너지, 의욕, 의지, 다 잃고 지옥으로 들어갑니다. 그러면 어떻게 될까요? 결국 아이도 놓아버리고 싶어집니다. 허허허. 이게 뭐 하는 거래요? 진짜 '똥멍청이' 짓을 하는 거예요.

그러니까 우리는 지금 당장 감당할 수 없는 일을 그만둬야 해요. 냉정하게 할 거 안 할 거 쳐내야 합니다. 힘들다 싶으면 잠시 놓고 쉬세요. 그게 내 아이를 위한 길이에요. 내 목숨 같은 보물이잖아요.

이제 남의 눈, 남의 말 신경 쓰지 말고 아이에게 가장 해주고 픈 것만 일과에 남기세요. 노력하고 견디던 시간들은 곱게 접어 하늘 위로 날려버립시다.

# 나쁜 엄마 아니죠,
## 좋은 엄마 맞습니다

아이가 태어나면 부모는 오만 가지 감정을 느끼게 됩니다. 기쁨, 행복, 불안, 걱정, 아픔, 분노… 절망, 그리고 죄책감.

아이를 돌보는 일은 상상했던 것과 달리 행복하긴커녕 힘들어 죽겠다 싶을 때가 많지요. 하지만 세상은 현실과 동떨어진 메시지로 가득합니다. '육아는 궁극의 행복, 엄마는 축복받은 사람, 모성애는 천상의 사랑입니다.'

이런 분위기에서 육아가 괴롭고, 아이가 원수같이 느껴지고, 그저 도망치고 싶은 '현실 엄마'는 죄책감에 짓눌립니다. '나는 나쁜 엄마인가 봐. 왜 천사 같은 아이에게 화가 날까? 남들은 육아할 때 너무 행복하다는데, 나만 모성애가 없는 걸까?'

어쩌자고 우리 아이는 나같이 이상한 엄마에게서 태어났는지, 어쩌자고 이렇게 부족한 엄마에게서 태어났는지, 끝도 없는 미안함에 절망하게 됩니다. 여기에 덧붙여 직장 다니는 워킹맘이라면, 더 언급할 필요도 없지요. 아이가 태어난 순간부터 죄인이니까요. 자타공인 '나쁜 엄마 랭킹' 상위권입니다.

하지만 이런 건 실제로 누군가에게 해 끼친 적 없는 '가짜 죄책감'입니다. 여기까지는 잊어버리시면 돼요. "넌 부족한 엄마야. 아이에게 더 많은 애정을 줘. 행복한 줄 알아야지"라고 누군가 죄책감을 부채질한다면, "너나 잘하세요." 하고 대답할 일입니다.

진짜 죄책감은 지금부터죠. 아무 힘도 없는 나약한 아이에게 화내고, 소리 지르고, 공포에 몰아넣는 짓을 저지르는 거예요. 아이한테는 부모가 세상의 전부인데, 밖으로 탈출할 능력조차 없는 어린아이에게 폭력을 휘두르다니, 악마가 따로 없습니다. 아무리 좋게 봐도 내가 미친년인 것 같죠.

이쯤 되면 진지하게 극단적인 상황까지 생각이 뻗칩니다. '나는 엄마 자격이 없어. 내가 세상에서 사라지는 게 더 나은 건 아

닐까.'

　부모의 죄책감은 가족의 삶 전체를 갉아먹습니다. 저 역시 아이를 키우면서 오랫동안 이 죄책감으로 힘들었고요. 자존감이고 뭐고, 그냥 제 존재 자체가 쓰레기가 된 것 같은 느낌이랄까요. 삶의 희망을 찾기 어려울 정도였습니다. 그런데 엄마가 좌절해서 주저앉으면, 아이는 얼마나 슬프고 무섭겠어요? 온 세상이 무너지는 것 같을 테죠. 그래서 전 무엇보다 엄마들의 죄책감이 줄어들도록 도와드리고 싶었습니다.

　'그래도 괜찮다'는 섣부른 위로는 하지 않을게요. 화를 낸 부모에게 '너무 자책하지 마세요'라는 위로는 공허하니까요. 자책하지 않을 수 있나요. 실제로 잘못했는걸요. 아이를 슬프게 하고 상처를 줬잖아요.

　우리는 앞으로 죄책감이 들 기회 자체를 없앨 거예요. 아이에게 화내지 않도록 도와드릴게요.

　우리가 화를 내는 이유는 너무 지쳐 있기 때문이에요. 저는 그 짐을 덜어드리고 싶어요. 우리의 삶을 무겁게 하는 부담, 걱정, 쓸데없는 가짜 죄책감, 이런 것들을 함께 제거합시다.

　그리고 이제, 죄짓지 말고 살아요 우리.

# 오래달리기를
# 끝까지 완주하는 법

체력장이라고 기억나세요? 1년에 한 번 매달리기, 공던지기, 멀리뛰기, 윗몸 일으키기, 이런 것들 학교 다닐 때 했었잖아요. 전 그중에서 이 종목이 가장 생각나요. 오래달리기.

800미터, 운동장 네 바퀴. 처음 오래달리기 했을 때 피 토하는 줄 알았잖아요. 심장이 찢어질 것 같고 진짜 죽는다 싶었지요. 결승선까지 뛴 친구들은 죄다 쓰러졌어요. 중간에 포기하고 오징어처럼 흐느적 걸어오던 아이들도 떠오르네요.

이처럼 오래달리기는 학창시절 매해 반복되는 극기훈련이었어요. 하지만 중학교 3학년 체력장은 달랐습니다. 한 체육 선생님 덕분에 반 친구들 모두 완주하는 기적이 일어났거든요.

그는 출발선에 서서 아이들이 한 바퀴를 돌 때마다 이 두 마디만 외쳤습니다. "너무 빨라. 속도 줄여."

학생 신분이니까 선생님이 시키는 대로 따르긴 했어도, 뛰는 동안 마음 한편이 불안한 건 어쩔 수 없었어요. '이렇게 느려도 되나? 저 남자 말을 들어도 되나? 지금 빨리 뛰어둬야 막판에 지쳐도 제시간에 들어올 수 있는 것 아닌가?'

그래도 어쩌겠어요. 선생님 말씀을 믿을 수밖에요. 우리는 천천히 달렸고, 결국 모두 제시간에 결승선을 밟았습니다. 그날은 쓰러지는 친구도 걷는 친구도 없었어요. 심지어 "근육을 풀어야 한다"는 선생님 말씀에 오래달리기를 마치고도 연속해서 200미터를 더 달리기까지 했죠.

살면서 그날의 경험은 정말 커다란 도움이 되었습니다. 왜 '끝까지 버티는 놈이 최후의 승자다' 이런 말 있잖아요. 나이를 먹을수록 이 말이 뼈저리게 진실이라 느껴지거든요. 끝까지 버티려면 '절대 빨리 나가지 않도록' 조심해야 한다는 걸 이때 배운 거죠.

그럼에도 불구하고 속도 조절 못 해서 주저앉고픈 순간이 부지기수로 찾아왔습니다. 교훈을 잠시 잊은 거죠. 특히 아이 키우면서는 더 그랬어요. 내 아이가 소중한 만큼 자꾸 욕심이 나는 거예요. 좀 더 잘해주고 싶고, 인생에 닥칠 어려움을 막아주고 싶어서 노력하다 탈진했지요.

쓰러졌다 일어나고 쓰러졌다 일어나고, 그렇게 몇 년을 꾸역꾸역 버텼습니다. '이 또한 지나가리라' 되뇌면서요. 그런데 아무리 기다려봐도 계속 힘든 거예요. 너무 막막하더라고요. 선배들에게 물어봤죠. "아이 키우는 거 언제까지 힘들어요?"

그런데, 헐. 애가 초등학교 들어가면 진짜 엄마 손이 필요하고, 중·고등학생 되면 신경 쓸 게 더 많다는 거예요. 새로운 차원의 괴로움이 항상 나타난다고 하더군요.

정신이 번쩍 들었습니다. 전 이미 너무 많은 에너지를 써서 그 무렵 '더 이상은 못 하겠다' 싶었거든요. 이 추세로 가다간, 아이가 사춘기 들어 반항하면 그날 바로 포기할 것 같았어요. 지금 당장 속도를 줄여야 한다는 걸 깨달았지요.

쉽지는 않았습니다. 욕심 버리는 게 어디 쉽나요. 게다가 내아이 일인걸요. 브레이크 거는 데만 몇 년은 걸렸나 봐요. 줄어든 속도에 편안하면서도, 한편으로는 불안해 안절부절못했고요.

다시 속도를 내고 싶어서 흔들릴 때마다 오래달리기를 떠올렸어요. 초반에 오버해서 빨리 달리면 뭐해요. 완주 못 하면 아무 소용없잖아요. 천천히 가야 제대로 완주할 확률이 더 높은걸요.

돌이켜보니 오래달리기가 힘든 건 '달리는 거리가 길기' 때문이 아니었습니다. 800미터가 길어봤자죠. 다만 얼마나 빨리 달려야 하는지 감이 없어 막막하고, 한 명이 치고 나가면 덩달아 쫓아가느라 무리했을 뿐.

이제 제가 알려드릴게요. 한 바퀴 한 바퀴 돌 때마다 외칠게요. "지금 너무 빨라요. 속도 줄이세요."

# 모유 수유
# 안 해도 괜찮아요

모유가 아이에게 좋다는 얘기, 많이 들어보셨을 거예요. 그저 좋은 정도가 아니라, 아이에게 '완벽한 식품'으로 불리죠. 모유를 먹으면 아이가 건강해지고, 엄마도 건강해지며, 아이와 엄마 사이에 안정된 애착이 형성된다고 하더군요. 완벽한 식품이 맞긴 한가 봅니다.

덕분에 이런저런 이유로 모유 수유를 하지 못한 엄마는 '이토록 완벽한 모유'를 아이에게 주지 않았다는 죄책감에 시달리게 됩니다.

그런데 말이에요. 모유 수유가 분유 수유보다 그렇게 압도적으로 좋은 걸까요? 분유 먹이면 우리 아이는 뭔가 부족한 아이가 되는 걸까요? 애착 형성에 문제가 생길까요?

하나씩 살펴보겠습니다.

첫째, 아이가 건강해진다?

모유 수유하면 면역력이 좋아지고, 아토피, 중이염도 덜 걸리고… 좋아요. 그런 연구 결과가 있다고 칩시다. 하지만 모유 수유가 이런 병들을 막아주는 것은 아닙니다. 6개월 동안 모유 수유한 저희 큰애는 아토피, 중이염으로 엄청 고생했는걸요.

실제로 모유 수유가 이런 질환들을 예방하는 효과가 없다는 연구 결과도 많습니다. 아주 미미하지만, 모유 수유한 경우에 아토피 발생 위험이 더 올라간다는 결과가 나오기도 했습니다. 현재 아토피와 모유 수유의 상관관계 여부는 의학적으로 논란이 있는 상태입니다.

한편, 모유 수유가 이 질환들에 절대적으로 중요한 요인도 아닙니다. 이를테면 우리가 폐에 덩어리가 보여서 병원에 갔다고 가정해봅시다. 그럼 의사가 제일 먼저 "담배 피우세요?"라고 물어봅니다. 담배 피우는 사람이면 폐암에 걸릴 가능성이 높으니까요.

그런데 중이염 걸려서 소아과 가면, 소아과 선생님이 "얘 혹시 분유 먹여서 키웠어요?"라고 물어볼까요? 안 물어봐요. 중이염은 감기 안 걸리는 게 훨씬 중요해요.

즉, 분유 먹었다고 아토피 생기고, 중이염 걸리는 것도 아니란 말이죠. 분유만 먹고 자란 저희 둘째는 오히려 아토피, 중이염 한 번 안 앓고 컸습니다.

요즘 애들이 면역력 떨어져서 죽는 경우는 거의 없어요. 대부분 건강하게 잘 자랍니다. 뭘 먹고 크든지요.


둘째, 엄마도 건강해진다?

모유 수유하는 동안 엄마는 골밀도가 3~5퍼센트 줄어듭니다. 모유를 중단하면 몇 달 후 곧 회복되긴 하지만, 수유하는 동안에는 칼슘제제 꼭 챙겨 드세요.

모유 수유하면 살 빠진다고요? 모유 수유하든 분유 수유하든 살은 결국 빠져요. 임신하면 부으니까, 출산 후 그 물은 무조건 빠지거든요. 그다음부터는 자기 관리죠 뭐. 인터넷에서 보니 '뱃살은 모유를 먹이지 않으면 잘 빠지지 않습니다'라는 설도 있던데요. 원래 뭔 짓을 해도 뱃살은 잘 안 빠집니다.

유방암에 걸릴 위험은 줄어듭니다. 유방암 발생을 줄여주는 의학적 기전에 대해 따로 쓰지 않아도, 본능적으로 느껴지죠. (암에 걸릴) 유방 자체가 줄어드는 느낌.

셋째, 아이와 엄마의 애착이 형성된다?

모유 수유하면 아이가 엄마에게 안기고, 냄새 맡고, 서로 친해지죠. 그래서 애착이 생긴다는 건데요. 분유 수유해도 엄마랑 안고, 냄새 맡고 하잖아요. 그럼 분유 수유하는 애들도 애착 생기겠네요? 둘 다 생기는데 왜 굳이 애착 형성을 '모유 수유의 장점'이라고 하는 건지 모르겠어요.

수유가 진짜 애착 형성에 중요하다면, 전 오히려 분유 수유를 추천해야 한다고 생각해요. 아빠는 부모 아닌가요! 애착 안 생겨도 괜찮아요?

신생아 시기에 아빠들은 멍하니 있는 경우가 많습니다. 애는 먹거나 자기만 하는데, 모유 수유하면 아빠가 할 일이 없잖아요. 이렇게 신생아 시기가 지나가면 아빠와 아이 사이에 애착이 안 생기겠죠. 그럼 어떻게 돼요? 아빠가 안으면 울고, 엄마 껌딱지 되고, 결국 엄마가 지쳐 쓰러지는 사태가 벌어져요. 이 악순환의 고리를 끊읍시다. 아빠에게도 육아의 기쁨을 누리게 해주세요.

저는 개인적으로 첫 애 낳고 모유 수유하는 동안 너무 힘들었어요. 밤에 두세 번씩 깨서 두세 시간씩 먹이고 트림시켜, 아침에 일어나면 옷은 젖에 절어 있어, 가슴은 땡땡하게 부어서 돌덩이처럼 아파, 허리 끊어져, 목 아파, 손목 나가, 손가락 마디마디 쑤셔… 진심으로 태어나서 그렇게 고통스러운 적은 처음이었어요.

그런데도 6개월 동안 계속했어요. 왠지 그 정도는 해야 '모성애가 부족한 여자'라는 소리를 안 들을 것 같았거든요. 지나고 보니 굳이 그렇게 고통스러운 시간을 견딜 필요가 있었나 싶더라고요. 저 편한 대로 했으면 그 예쁜 갓난아기 시절을 더 즐겁게 보낼 수 있었을 텐데 말이에요.

돌이켜 보면 '모유 수유 vs. 분유 수유' 문제는 아이를 키우는 과정 전체에서 1퍼센트도 중요하지 않은 고민이었어요. 뭘 먹이고 크든 다들 잘 자라거든요.

그러니까, 힘들면 안 해도 괜찮습니다.

# 밥 안 먹는 아이여도
# 괜찮아요

저랑 같이 사는 아이 중 하나가 진짜 밥을 안 먹어요. 태어나서 지금까지 잘 먹은 적이 손에 꼽을 정도예요. 요리책도 사보고 유명하다는 반찬도 사보고 별 짓을 다했는데 소용이 없더라고요. 심지어 식욕 촉진제도 사봤네요.

입맛이 어찌나 까다로우신지 못 먹겠다는 음식이 너무 많았어요. 아니, 먹을 수 있는 게 없었어요. 거의 한 가지만 먹는 사람 있죠. 이분은 계란만 드셨어요. (계란찜, 계란후라이, 계란말이, 계란국… 근데 스크램블 에그는 또 안 드셔요) 진짜 닭 없었으면 이미 굶어 죽었을 거예요.

"한 끼 굶겨봐라. 배고프다고 할 때까지 아무것도 주지 마라. 그럼 어련히 알아서 밥 먹는다고 그럴 거다." 이런 얘기 있잖아요. 저도 시도해봤거든요. 아후, 근데 진짜 밥 안 차렸다간 세 끼도 굶을 기세더라고요.

잘 안 먹는 아이랑 함께 식사하는 건 솔직히 엄청난 스트레스예요. 한 시간씩 깨작깨작 먹고 있는 걸 보고 있으면, 뚜껑이 몇 번은 열렸다 닫혔다 한단 말이죠. 어른 숟가락으로는 대여섯 숟가락이면 끝날 양을 먹네 안 먹네 하고 있으니, 오 마이…. 안대 쓰고 밥을 먹고 싶었어요. 이 꼴을 보고서도 잔소리가 안 나오면 진짜 성인군자 인정해줘야겠더라고요.

오죽하면 이런 일기도 썼겠어요. 이 일기의 제목은 '아이에게 화가 날 때'예요.

먹는 밥 양에 연연하지 말자. 아이가 밥을 적게 먹는 것은 너의 정성이 부족해서도, 요리가 형편없어서도, 메뉴 선정이 부적절해서도 아니다. 네가 잘 먹을 때와 잘 먹지 않았을 때의 경험을 비춰보라. 충분히 영양을 공급하고 있고, 그 정도 먹으면 어떤 기능에도 장애를 일으키지 않는다.

이 지경이었으니 제가 밥상에서 얼마나 잔소리를 해댔겠어요. 근데 우리도 밥 먹을 때 누가 계속 내 입만 보고 있으면 얼마나 부담스러워요. 배불러 죽겠는데 한 숟가락만 더 먹으라고 매끼 요구한다면요. 식사 시간이 괴로울 수밖에 없죠. 그럼 더 안 먹을 테고요. 제가 마음을 내려놓는 방법밖에 답이 없었어요.

집착을 내려놓기 위해 '왜 아이가 밥을 잘 먹었으면 좋겠는지' 생각해봤어요. 표면적인 원인은 '아이 키가 안 클까 봐'였어요. 키가 작으면 학교에서 위축될 것 같고, 나중에 여자친구도 못 사귈까 봐 걱정이 되더라고요.

하지만 '아이의 미래가 걱정되어서'라는 이유만으로는 설명이 좀 부족했어요. 그것만으로 이렇게까지 밥 먹는 데 연연하게 되지는 않을 것 같았습니다. 키 작다고 인생 낙오자가 되는 건 아니니까요.

제 키가 155센티미터예요. 하지만 키 작아서 인생 힘들게 산다는 느낌은 없거든요. 학교 다니고, 직장 다니고, 결혼해서 애 낳고, 멀쩡히 잘 걸어 다닌단 말이에요. 물론 힘들 때도 있죠. 만원 지하철에 타면 앞사람 등짝에 얼굴이 묻혀서 숨쉬기가 힘들어요. 가끔 자동문에 다가가도 안 열려서 폴짝폴짝 뛸 때는 솔직히 좀 쪽팔려요. 하지만 그거 2개 빼고는 장애 없이 잘살고 있어요.

여자니까 키 작아도 상관없는 것 아니냐고요? 약간은 그런 면도 있겠죠. 키 큰 남자들이 키 작은 남자들보다 평균 연봉이 많다나, 뭐 그런 연구 결과가 있다고 하니까요. 하지만 통계적으로 그렇다는 거지, 개개인으로 보면 케이스 바이 케이스잖아요. 제 지인 중에 잘나가는 친구들 보면 키 큰 사람이 별로 없을 정도예요. 병원 가서 교수님들 키 한번 보세요. 진짜 키랑 성공이랑 상관없을걸요?

종합하면 '보기에 좋았다' 이거 말고는 키가 인생을 좌우하는 문제까지는 아니란 말이죠. 게다가 키가 크든 말든 자기 키고 자기 인생인데, 자기가 밥 안 먹는다는 걸 억지로 꾸역꾸역 먹이는 게 이상하잖아요. 여기서 제 속마음을 더 파봤어요. 왜 아이가 밥을 안 먹으면 이렇게 가슴이 답답한가.

진짜 이유는 따로 있었습니다. 아이 키가 작은 게, 제 탓 같은 거예요. 밖에 나가면 또래 아이끼리 키가 비교될 수밖에 없잖아요. 키가 작아도 좀 통통하면 "아휴, 우리 애는 잘 먹는데도 키가 안 크네. 호호호호." 하면 되거든요. 그런데 애가 삐쩍 말랐으면 '혹시 내가 밥 굶기는 줄 알면 어쩌지?' 싶은 거죠. 자기 아이 밥 하나 제대로 못 먹이는 어미 같달까요.

"엄마가 먹여야 애가 크지. 남이 먹이니까 애가 크겠냐." 저이 말 어르신들한테 엄청 들었어요. 풀타임 워킹맘인 죄로요. 그때마다 죄책감이 얼마나 컸는지요. 이런저런 이유로 제가 작년부터 근무시간을 반으로 줄였는데, '내 새끼 밥, 어미인 내가 챙긴다.' 이 마음이 결심에 한몫할 정도였죠.

집으로 돌아가 처음 한 달 동안은 잘 안 드시는 그분께 온갖 고기를 온갖 방법으로 다 해드렸어요. 갈비찜, 갈비탕, 소고기, 양고기, 돼지고기, 양념 볶음, 등갈비찜, 닭구이… 제 정성에 감복했는지 그분도 열심히 노력해서 끝까지 드셨어요. 그리고 4주후, 몸무게가 700그램 빠지더라고요. 하하하. 그 후 1년 동안 몸무게가 안 변하고 있어요. 키요? 안 재봤어요. 제 정신건강은 소중하니까요.

요즘은 제가 음식을 꽤나 잘하게 됐어요. 간 보다가 가스레인지 앞에서 혼자 엄지 척! 한단 말이에요. 그런데 확실히 음식 냄새나 맛에 예민한 아이가 있나 봐요. 이런 아이들은 산해진미도 소용없더군요. 저희 회장님은 최근 이런 명언을 남기셨어요.

"엄마, 제육볶음에서 보라색 맛이 나. 못 먹겠어." (헐! 이런 자에게 잘 먹기를 기대하다니! 나 지금까지 뭐 한 거니?)

이런 우여곡절 끝에 지금은 드디어 내려놓게 된 것 같아요.

아이가 안 먹는 것, 여러분 탓 아니니까 속상해 마세요. 못 먹는 걸 어떡해요. 다 자기 팔자예요. 한두 숟가락 더 먹인다고 몇 센티미터나 크겠어요. 그냥 어른 되어서 깔창 하나 깔면 돼요.

아이 인생엔 앞으로 하기 싫어도 해야 할 일들이 산더미같이 놓여 있을 거잖아요. 밥이라도 자기 맘대로 먹게 해줘요, 우리.

# 아이와 외식하기
## 힘들다면

주말이 되면 우리에게 즐겁고도 괴로운 이벤트가 찾아옵니다. 그것은 바로 '아이와 외식하기.' 여기 우리와 비슷한 한 가족 이야기를 가져와볼게요. 어쩌면 당신의 이야기일 수도 있어요.

일요일 점심때가 다가옵니다. 냉장고를 열어봐도 딱히 먹을 것이 없고 뭘 해먹을지 생각하기조차 귀찮습니다. 이럴 땐? 외식이죠!

신이 나서 집을 나서려니 아직 머리를 안 감았네요. 화장하고 옷 갈아입고, 이미 에너지를 약간 쓴 기분입니다. 엇, 그런데 뭐 먹을지도 안 정했네요. 이제 맛집을 검색합니다. 광고글이 넘쳐나네요. 에너지 레벨이 점점 내려갑니다.

겨우 괜찮은 식당을 찾아냅니다. 에너지 레벨이 조금 상승합니다. 기운 뿜뿜하며 "애들아, 준비 다 됐니?" 확인합니다.

그럴 리 없죠. 대체 30분간 뭘 했는지 정말 '아무것도' 안 했습니다. 이제 옷 갈아입으라고 잔소리를 시전할 때군요.

아들은 양말을 갈아 신는 데 5분이나 걸립니다. 티셔츠와 바지까지 다 입으려면 앞으로 10분은 더 걸릴 것 같습니다. 빨리 갈아입으라고 재촉하고 싶지만 삐져서 더 오래 걸릴까 봐 입을 잠급니다.

나름 조심한다 했건만, 역시나 한 놈이 빈정상했는지 그냥 자기는 집에서 먹고 싶답니다. 원래 나가서 먹는 걸 싫어하는 성격이래요. 바지를 입다 말고 바닥에 주저앉습니다. 아, 출발도 하기 전에 남아 있는 멘탈이 바닥입니다.

"그래, 그냥 집에서 배달이나 시켜 먹자." 허탈하게 내뱉자, 다른 녀석이 혹시나 외출 계획 틀어질까 봐 더 큰 목소리로 소리를 지릅니다. "안 돼~! 나는 정말 나가고 싶단 말이야~! 집에서 엄마가 해주는 밥은 이제 지겨워!"

솔로몬이 나타나서 '네 어미를 반으로 갈라 각각 나눠가져라' 판결해줬으면 좋겠습니다.

누워 있는 녀석에게 "그럼 너는 집에서 혼자 빵이나 먹고 있어라" 쏘아붙이고 외출하는 척합니다. 그래도 안 일어나면, 어르고 달래기 모드로 변신합니다. 겨우 설득에 성공합니다. 다시 기운을 내고 문을 나섭니다.

차에 타니 그동안 아껴뒀던 말들이 생각났는지 끊임없이 떠듭니다. 온갖 (쓸데없는) 질문이 난무합니다. 내비게이션이 안 들려서 우회전해야 하는지 아닌지 놓칠 지경입니다. 이제 남은 멘탈은 없는 것 같습니다.

메뉴판을 받았습니다. 못 드시는 메뉴가 많아, 심사숙고 끝에 겨우 입맛에 맞는 것을 주문해드립니다. 3분 지나니 왜 음식이 빨리 안 나오냐고 재촉질입니다.

언제까지 비위를 맞춰 드려야 하나 지쳐갈 때쯤 음식이 나옵니다. 수저질을 잘 못 하시니 먹기 편하게 발라드리고 입에 넣어드립니다. 이렇게 정성을 다했건만, 한참 남았는데 이제 그만 드신답니다. 메뉴 가격이 떠올라 짜증이 샘솟지만 꾹 참습니다. 밥 먹을 땐 기분 좋게 먹어야 하니까요.

드디어 다 식은 내 메뉴를 입에 넣습니다. 너무 맛있네요! 기분이 확 좋아집니다. 이 순간을 위해 여길 나온 거죠!

아… 그런데 두 입 먹으니 집에 빨리 가자 하십니다. 안 그러면 막 돌아다닐 거랍니다. 상상만으로 뒷골이 당깁니다. 입에 마구 쑤셔 넣기 시작합니다. 5분 만에 식사를 마쳤네요. 저분들 식사 보조하느라 음식이 식어서 다행입니다.

멘탈이 마이너스가 된 채로 집에 돌아옵니다. 하나 위안인 것은 벌써 오후 4시가 되었다는 것입니다. "그래도 다행이야. 일요일 오후가 다 지났잖아." 배우자와 자조 섞인 위안을 나눕니다. 그리고 또 2시간이 지나면 저녁 뭐 먹을지 고민을 시작합니다. 무한 반복 공포영화가 따로 없습니다.


이거 사실 제 얘기예요. 이미 눈치 채셨나요? 으하하.

저희는 진짜 이 과정을 수백 번 반복한 것 같아요. 주말이 두려울 지경이었지요. 분명 무엇인가 문제가 있었음에도 '원래 애들이 어릴 때는 힘든 게 당연하지'라며 버텼어요.

하지만 계속 이렇게 살 순 없더군요. 외식이 행복감보다 스트레스를 안겨준다는 사실을 인정해야겠더라고요. 식당은 좁고 뜨거운 음식들로 위험해서, 아이랑 같이 가기 힘들 수밖에 없는 공간이었어요. 거기서 가족들과 편안한 대화를 나눌 여유는 애

초에 없었던 거죠.

그리고 아이들은 20분 이상 한자리에 앉아 있기 힘든데, 음식이 나올 때까지 15분은 걸린다는 사실을 깨달았어요. 긴 이동 시간과 감각 과잉으로 이미 지쳐 있는 상태에서 말이죠. 아이들에게 "식사예절을 지켜라, 자리에 똑바로 앉아라"라고 지적하는 건 저의 이기적인 욕심일 뿐이었습니다. 피곤해하는 아이를 보며 제 기분이 다운되는 것은 덤이었고요.

그래서 '외식은 이제 그만'하기로 결정했습니다. 드디어 이 무한 반복 공포에서 탈출하게 되었죠.

식탁 풍경은 이렇게 바뀌었고요.


편안한 옷을 입고 넓은 식탁에서 밥을 먹습니다. 시끄럽게 떠들어도 눈치 볼 사람 없습니다. 15분 지나자 아이들은 다 먹었다며 놀아도 되냐고 묻습니다. "그래, 다 먹었으면 일어나도 좋다. 놀아라." 이제 남편과 식탁에 둘만 남았네요. 우아하게 대화하며 밥을 먹습니다. 운전 걱정 없으니 기분 내키면 맥주 한잔 해도 됩니다.

어떠신가요? 앞 이야기보다 훨씬 편안하지 않나요? 혹시 '헐, 집에서 주말 내내 밥을 차려 먹으라고요? 설마!' 하고 부담을 느끼는 분 계신가요? 어머, 요즘 세상에 별 걱정을. 우리에겐 즉석밥, 즉석요리, 배달○○○이 있잖아요.

아이들의 인내심이 길러질 때까지 '기분 좋은 외식'에 대한 기대를 곱게 접어놓는 편이 내 정신건강에 좋습니다. 아이들은 아직 눈치도 없고 참을 줄도 모르니까요. 애들과 식당에 가면 괴로움은 나의 몫이죠.

저는 진심으로 집에서 밥 먹는 것을 추천합니다. 요즘 '노 키즈 존' 식당이 늘어나고 있다면서요. 이런 분위기 견뎌내며 밖에서 밥 먹을 필요 뭐 있어요.

밥이라도 편하게 먹어요, 우리.

# 수면 교육하지 않아도 괜찮아요

밤낮으로 고대하던 아이가 태어나면, 곧 부모는 두려움에 휩싸입니다. 이들은 하루에 8끼를 먹고 쉴 새 없이 똥오줌을 날리는 존재니까요. 이건 누구도 예상 못 했을 거예요. 무엇보다 공포스러운 건 '이 모든 과정이 밤에도 똑같이 계속된다'는 점이죠.

진짜 '통잠'이라는 말이 이렇게도 절실한 적 있을까요. 아이가 자다 서너 번씩 깨면 "아, 진짜 그만하자." 소리를 지르고 싶지만 (어차피 못 알아들으니까) 꾹 참습니다. 그리고 혹시나 싶어 수면 교육에 관련된 책을 찾아봐요.

'오~ 백 일의 기적이라! 아이 재우는 비법이 이렇게나 많았어? 좋아. 오늘부터 불행 끝, 행복 시작. 우리 가족 모두 편안한 밤 보내는 거야!' 책에 나온 방법을 하나씩 실행해봅니다.

아이 귀에다 쉭쉭 소리를 내보고, 드라이기를 틀어보고, 울게 좀 둬보고, 온갖 옵션을 다 써봅니다. 그러고 나서 좌절하죠. "왜 우리 애는 안 돼? 백 일의 기적은 왜 우리 집에 안 와?"

저도 그랬습니다. 밤마다 답답하고 힘들었지요. 백 일은커녕 4개월, 5개월이 넘어가도 기적이 찾아오지 않는 거예요. 안고 재우는 것 말고는 답이 없었어요. 허리 끊어지는 줄 알았죠. 다 크서클은 턱 밑까지 내려왔고요. 아이들에게 잘 통하는 비법은 끝까지 못 찾았습니다. 그렇게 버티고 버티다 결론은 이렇게 끝 맺었어요. '엥, 그러고 보니 요즘은 잘 자네?'

좀 허무한가요? 하지만 어쩌겠어요. 이게 진실인걸요. 누군가 "아이 잠을 어떻게 하면 잘 자게 할 수 있나요?"라고 물으면 "잘 모르겠어요. 그냥 어느 순간 잘 자던데요." 이렇게 대답할 수밖에 없었어요. '정신과 의사는 잠 전문가니까 뭔가 좀 알겠지' 하고 기대했던 분들은 실망하셨을 거예요.

그런데 말이죠. 불면증 치료하는 정신과 의사 입장에서 보니까요. 이 수면 교육이라는 게 과연 가능한가 싶은 거예요. '부모가 아이의 수면을 통제한다? 자기 잠을 통제하는 사람도 못 봤는데?'

여러분도 어떤 날은 자다가 서너 번 깨는 날이 있을 거예요. 어쩌면 며칠 연속 못 자기도 했을 테고요. '숙면하는 열 가지 방법' 이런 기사 찾아보신 분들도 계실 거예요. 거기 나온 대로 잠자기 직전에 따뜻한 물로 샤워하고, 우유 한 잔 마시고, 명상하면 잠이 잘 올까요?

아니요. 이렇게 내 맘대로 잠을 조절할 수 있으면 정신과 의사는 손가락 빨아야 할 거예요. 잠 못 자는 게 너무 괴로워서 할 수 없이 병원에 찾아오는 환자가 대부분이거든요.

아이들은 원래 자주 깨요. 나이에 따라 수면 패턴이 대략 정해져 있어요. 생후 6개월 이전에는 자주자주 깨고, 청소년기에는 못 일어나 지각할 지경이고, 50세가 넘어가면 다시 자주자주 깹니다. 인간의 운명이에요. 뇌가 발달하고 노화되면서 보이는 자연스런 현상이죠.

다시 말해 뇌가 성숙하면 저절로 잘 자게 됩니다. 수면 교육을 하든 안 하든요. 그 시기는 보통 6개월 정도 걸리는데, 아이들의 2/3 정도가 그즈음 통잠을 잡니다. 즉, 백 일 된 아이는 대부분 우리가 기대한 '통잠'을 자지 않습니다. 그런 아이가 있다면 그야말로 '기적'이에요. 기적은 선택받은 집에만 와요. 일어날 확률이 드물기 때문에 기적이라 하는 거잖아요. 흔하면 그게 무슨 기적이겠어요.

'백 일의 기적'이라는 문구에 현혹돼서 '왜 우리 아이는 이렇게 느려. 왜 나를 고생시키는 거야' 하지 마세요. 원래 그때는 못 자는 게 당연해요. 백 일의 기적은, '이쯤 되면 낮보다 밤에 좀 더 잔다' 이런 의미예요. 밤에 중간중간 깨는 건 매한가지입니다. '그나마 좀 컸다고 4시간 자기도 한다' 이 정도 기대하시면 되겠어요.

앞서 말한 대로 백 일의 기적 아니죠. 이백 일의 기적 맞습니다. 하지만 이것조차 100퍼센트 맞는 얘기가 아녜요. 6개월 무렵부터 자다 깨서 부모를 찾느라 우는 아이가 새로 생겨요. 일종의 분리 불안이래요. 환장하죠?

자, 그러니까 '그냥 1년은 고생한다' 이런 마음으로 시작하시면 되겠습니다. 빨리 푹 재울 수 있다는 기대를 버리는 게 나아요. 깨어 있을 때 아이의 행동을 조절하는 것도 어려운데 잠을 통제하는 게 어디 쉽겠어요? '1년간 개고생 각오했는데 우리 애는 11개월 만에 통잠 자! 난 행운아야!' 이러시면 돼요. 다른 아이들보다 늦어봤자 6개월 차이입니다.

밤잠 좀 잘 자려고 '수면 교육' 검색하다가 "우리 아이 이 방법으로 4개월 만에 수면 교육 성공했어요!" 이런 글 보면 더 속상하고 기운 빠져요. 괜히 아이한테 원망하는 마음 들고요. 웃기는 거죠. 엄마 괴롭히려고 일부러 안 자는 거 아닌데도 그래요.

수면 교육한다는 이유로 아이가 우는데도 내버려두고 억지로 견디지 마세요. 부모가 시끄러워서 깰 정도로 크게 울면, 일어난 김에 잘 살펴봐주세요. 기저귀가 축축해서 울었을 수도 있잖아요. 그때 갈아입혀주면 얼마나 상쾌하겠어요. 그럼 아이가 '어머나, 세상 살 만하네!' 이렇게 느끼지 않을까요.

안아줘도 괜찮고 수유해도 괜찮아요. 내가 할 만하고, 아이가 빨리 잠들면, 그냥 그 방법 써도 됩니다. 조금만 크면 안을 필요도 없고 자다가 먹는 일도 없어요. '습관 들인다' 이 말에 연연해하지 마시고, '아이가 잘 자는 날이 올 때까지 버틴다' 이것만 생각하세요.

## 아이와 따로 자도 괜찮아요

제가 원래 잠이 많아요. 하루 8시간 자면 건강하다고 하죠? 저는 10시간은 자야 낮에 안 졸리더라고요. 결혼 전에는 주말이면 오전 11시 다 되어서 일어나고 그랬죠.

그런데 아이가 태어났으니 어떻게 됐겠어요. 이건 뭐 온종일 비몽사몽, 좀비 같은 거예요. 출산휴가 끝나고 복직한 첫날, 집에 와서 울었잖아요. 완전 똥멍청이 같은 하루를 보냈거든요. 해야 할 일 4개 중에 2개를 까먹고 안 했어요. 침대에 누워 남편에게 독백하듯 말했지요.

"있잖아. 나, 사는 게 자신이 없어." (눈물 주르륵)

"…후… 나도 그래."

흘러내린 눈물이 도로 올라갔어요. '이 집구석에서 나라도 정신 차려야겠구나!' 깨달음이 번쩍 찾아왔습니다.

그렇게 우리 집 아이들은 일찍부터 부모와 따로 자게 되었습니다. 돌 때부터 옆방에서 재웠지요.

전 이게 너무나 자연스러웠는데, 들어보니 따로 자는 집이 생각보다 많지 않더라고요. 오히려 "어머, 아이랑 따로 자요? 애들이 불안해하지 않아요?"라는 질문을 받을 정도였습니다. 어떤 사람들은 "아이랑 같이 자야 정이 붙지. 가뜩이나 엄마가 낮에 없는데, 그렇게라도 해야지"라고 제게 말하기도 했어요. '아, 역시 난 나만 생각하는 나쁜 엄마구나. 그래도 잠은 잘 자야지, 잠을 못 자면 아이한테 짜증이 나는데 그럼 어떡해.'

혹시 저 같은 잠순이 여기 있나요? 아이와 따로 자고 싶은데 왠지 불안해서 실행하지 못하는 분은요? 잘 오셨어요. 제가 앞으로 그 불안 싹 잠재워 드릴게요. 오늘 당장 편안하게 잠드실 수 있을 거예요.

먼저 우리의 속마음부터 파헤쳐보겠습니다. 아이와 따로 못 자는 이유가 무엇인지요. 두 가지가 있겠네요.

① 아이가 자다 잘못될까 불안해서
② 아이가 불안해할까 봐

먼저 아이가 자다 잘못되는 경우에 대해서 말씀드릴게요. '영아돌연사증후군'을 걱정하시는 걸 텐데요. 한 살 이하의 아이가 밤 사이 사망하는 거죠. 원인은 미상입니다. 엎드려 자거나 푹신한 침구에서 자면 사망 위험이 높아진다고 알려져 있어요.

그런데 이 아이들이 사망했을 때, 대부분 어떤 소음, 뒤척임, 끙끙거림도 없었다고 해요. 다시 말해 나란히 같은 침대에서 잔다고 해도 부모가 막을 수 있는 사건이 아니란 거죠. 여러분들 그 시끄러운 알람소리도 제대로 못 듣고 잔 적 있지 않나요?

하늘을 보는 자세로 재우고, 방 온도를 덥지 않게, 질식할 위험이 있는 물건들을 치우면, 여러분이 할 수 있는 최선을 다 한 거예요. 더 이상의 노력은 필요치 않습니다.

오히려 부모와 나란히 같은 침대를 쓰는 바람에 침구든 부모에게든 눌려서 질식할 위험이 있어요. 한 살 이하의 아이는 같은 방에서, 다른 침대를 사용하는 것이 좋습니다.

한편 영아돌연사증후군은 대부분 생후 2~4개월 사이에 발생합니다. 사망한 아이의 90퍼센트가 생후 6개월 미만이고요. 따라서 이 시기가 지나면 어느 정도 안심할 수 있습니다. 돌 지난 건강한 아이라면 다른 방에서 재우셔도 괜찮아요.

조금 마음이 놓이시나요? 그럼 지금부터 '아이가 불안해할까 봐' 걱정이신 분들을 위한 코너 시작합니다.

아이에게 "오늘부터 따로 자는 거야"라고 말하고 그대로 실행하시면 됩니다. 아이가 투정하면, "미안하지만 엄마는 잠을 잘 자는 게 진짜 중요해. 그런데 따로 자야 푹 자"라고 사실대로 말해주세요.

침대에서 책 2권 읽어주면, 엄마와 아이 둘 다 잠이 솔솔 오거든요. 불 끄고 같이 누웠다가 애들 코 골 때 일어나서 안방으로 가면 돼요.

아이가 자는 동안 엄마가 옆에 있는지 없는지 알 게 뭐예요. 아이 정서에 어떤 영향도 줄 수가 없어요. 자다가 깨서 울면 아이에게 다가가서 달래주면 됩니다.

흔히 아이와 따로 자면 애착 형성에 문제가 생길 수 있다는 걱정을 하시곤 하는데요. 애착 형성에서 가장 중요한 것은 '아이의 요구에 그때그때 반응해주느냐' 여부입니다. 즉, 아이의 울음 소리가 잘 들리는 옆방에서 자고 적절히 보살펴주기만 한다면 애착 형성에 아무런 지장을 주지 않습니다.

오히려 정서적인 부분을 고려한다면 아이가 스스로 몸을 컨트롤할 수 있는 시기가 됐을 때 되도록 빨리 다른 방에서 재우기 시작하는 것이 좋습니다. 조금만 크면 더 부모와 떨어지지 않으려고 하거든요. 그렇게 되면 엄마 아빠와 함께 잠들고 싶어 하는 아이를 억지로 떼어놓는 상황이 벌어집니다.

아무것도 모른 채 원래 부모와 따로 자는 습관이 든 아이와 어느 날 갑자기 안방에서 나가라는 통보를 받은 아이 중 스트레스가 더 큰 쪽은 어디일까요? 부모도 왠지 쫓아내는 느낌이 들어 죄책감이 들겠지요.

어린 나이에 아이를 내보내지 못하면 아이가 여섯 살, 일곱 살 되도록 한 방을 쓰게 됩니다. 제 지인 중에는 막내가 중학교에 입학하도록 함께 잔다는 분도 있었어요. 돌 무렵에는 며칠이면 적응할 것을 몇 년 동안 고생해야 할 수도 있습니다.


한편 수년간 아이와 함께 자는 것은 부모에게도 상당한 영향을 줍니다. 일단 깊은 잠을 자기 어려워요. 아무래도 잠은 혼자 잘 때 가장 깊이 잡니다. 같이 자는 사람 수가 많으면 코 골지, 이 갈지, 가끔 굴러와 옆구리 발로 차지, 수면의 질이 떨어지기 쉽죠. 이게 오랫동안 지속되면 수면 부족으로 부모의 정서에 문제가 생깁니다.

또 출산과 육아가 시작되면서 섹스리스로 지내는 부부가 상당히 많습니다. 그런 부모가 40퍼센트에 육박한다는 조사 결과도 있더군요. 그런데 아이와 몇 년간 한 방에서 자면 어떻게 되겠습니까. 아예 고착될 가능성이 높겠지요. 오누이 사이가 되는 겁니다.

부수적으로, 가끔 일어나는 일이긴 하지만 "어렸을 때 부모가 부부관계하는 장면을 보고 충격을 받았다, 그 뒤로 성적인 부분에서 선입견이 생긴 것 같다. 이성친구와 문제가 있다"고 호소하는 경우를 정신과 진료실에서 본 적이 꽤 있습니다. 어린 아이에게 충분히 충격적인 사건일 테지요.

우리가 부모와 언제부터 따로 자게 되었는지 대부분 기억하지 못하실 거예요. 이처럼 아이와 따로 자는 것은 아무런 영향을 주지 않지만, 같이 오랜 기간 함께하느라 나타날 수 있는 부작용은 상당합니다.

따라서 따로 재우는 것은 선택의 문제가 아니라 필수라고 말씀드리고 싶습니다. 아이의 정서 문제를 생각하면 더더욱 말입니다. 이제 스스로 정 없는 엄마라고 죄책감 갖지 마세요. 우리는 가족을 위해 당연히 해야 할 일을 하는 것뿐이니까요.

오늘부터 편안한 밤 보내시길 바랍니다!

# 기저귀 떼기,
# 느긋하게 해도 괜찮아요

가벼우면서도 무거운 이야기를 하나 하려고 해요. 배변 훈련과 기저귀 떼기요. 배변 훈련이라는 말이 사실 무색하기는 하죠. 왜냐하면 건강한 아이라면 누구나 저절로 소변을 가릴 수 있게 되니까요. 그래서 왜 '훈련'을 해야 하는지 좀 의문이 드는 과제예요.

그럼에도 불구하고 부모라면 누구나 기저귀 떼기 앞에서 스트레스를 받게 돼요. 언젠가 자연스레 떼는 건 알겠는데, 느긋하게 기다리기 어렵거든요.

24개월까지는 즐거운 마음으로 할 수 있어요. 일단 아이 변기를 사요. 그때는 그냥 '변기랑 친해져라' 하는 마음이죠. 중간에 여름이 끼어 있으면 한번 기저귀를 벗겨놓아봐요. 한 3일 해보다가 도저히 안 되겠다 싶으면 다시 기저귀를 채우죠.

그런 과정을 반복하다 슬슬 초조해져요. 남들은 도대체 언제 떼었나 찾아봐요. 어이쿠, 어떤 애는 18개월에 벌써 뗐대요.

아무리 느긋한 부모라도 30개월이 넘어가면 '안 그래야지' 하면서도 조급해져요. 아직 낮 소변을 못 가리는 아이를 보며 자기도 모르게 실망하는 마음이 들어요. 말도 잘 알아듣는 것 같은데, 왜 변기에 앉아서 소변을 못 보는 거냐고요.

'기저귀 차는 어른 봤어? 그러니까 걱정 말고 기다리자. 근데 언제까지 기다리지?'

저도 이게 참 궁금했어요. 대체 언제 기저귀를 떼어야 하는 걸까요? 그래서 준비했습니다. 미국 아이들의 소변 가리기 통계. 우리 아이는 괜찮은지 한번 가늠해보세요.

낮 소변부터 시작할게요. 만 2세(24개월)가 되면 25퍼센트의 아이들이 낮 소변을 가릴 수 있어요. 30개월이 되면 85퍼센트의 아이들이 낮 소변을 가려요. 아이가 30개월인데 아직 낮 소변을 못 가린다고요? 걱정 마세요. 앞으로 6개월 안에 낮 소변을 가리게 될 거예요. 36개월이 되면 98퍼센트의 아이가 낮 소변을 가릴 수 있거든요.

혹시 36개월도 지났나요? 그래도 괜찮아요. 48개월 되기 전에 나머지 2퍼센트의 아이도 다 기저귀를 떼어요. 방광 기능에 특별한 이상이 없다면요. (참고로 저희 애는 38개월에…. 아마 성공 확률 99퍼센트였을 때 뗐겠죠. 뭐 덕분에 하루 만에 뗐습니다만.)

밤 기저귀는 더 쉬워요. 눈 딱 감고 만 7세까지 고민하지 마세요. 1주일 이상 쉬 안 하면, 기저귀 떼고 지켜보세요. 팬티로 바꿨는데 여러 번 실수할 경우 (1주일에 2회 이상) 기저귀 다시 채우고 또 기다리면 됩니다.

관련 자료를 좀 찾아보신 분들은 이런 의문이 들 수 있어요. '유뇨증(소변 못 가리는 질환) 진단 기준이 만 5세인데, 7세까지 기다려도 되나요?'

미국 통계에서 만 5세 아이의 23퍼센트가 밤에 소변을 못 가려요. 다른 나라 통계도 비슷해요. 그렇다면, 만 5세 아이 23퍼센트는 유뇨증 환자예요. 좀 이상하죠? 가만히 기다리면 소변을 저절로 가리게 되는 것이거늘, 좀 늦다고 23퍼센트의 인간을 환자로 만들어버리다니.

전문가별로 약간의 의견차는 있지만, 대부분 만 6~7세부터 야뇨증 치료를 고려해보라고 해요. 저는 만 7세(초등 1~2학년)를 택하겠습니다.

그런데 말이죠. 만 7세면 모든 아이가 밤 소변을 가릴 수 있는 것도 아니에요. 만 7세가 되어도 남자아이의 9퍼센트, 여자아이의 6퍼센트가 밤에 소변 실수를 합니다. 이렇게 인간의 방광이 늦게까지 말을 안 들어요.

더 놀라운 통계 알려드릴까요? 2013년 우리나라에서 발표된 연구 결과에 따르면, 건강한 16~40세 성인의 2.6퍼센트가 '최근 6개월간 자다가 소변 실수를 한 적이 있다'라고 답했답니다.

종합하면, 노력의 문제가 아니라는 거죠. 지능이랑도 상관없고요. 그저 인간의 소변 가리는 기능이 생각보다 늦게 완성되고, 완성됐다 해도 그다지 완벽하지 않은 거예요. 우리도 자다가 화장실에 들어가는 꿈꾸면, 얼른 일어나야 하잖아요. 그때 계속 꿈꾸고 있으면 큰일 나지요.


이 글을 시작하면서 가볍고도 무거운 이야기라고 말씀드렸어요. 이렇게 기다리기만 하면 아무런 문제도 되지 않을 가벼운 과정이, 누군가에게는 지옥을 불러오기 때문이에요. 아동학대의 중요한 발생 인자가 되기도 하거든요. 소변을 가리지 못하는 아이는 학대받기 쉬워요.

소변 가리기에 들어가는 시기가 보통 만 2~3세잖아요. 이 무렵이 원래 육아를 하기 힘든 시기예요. 엄마가 지치기 시작할 때인 데다, 이 나이쯤 아이의 고집이 세지거든요. 그러다 보니 그동안 쌓여왔던 힘듦이 펑! 폭발하기 쉽죠.

그리고 원래 인간의 속성상 다른 사람에게 지시했는데 자기 맘대로 안 되면 엄청 화가 나요. 이를테면 부부싸움하기 가장 좋은 방법은 남편이 아내에게 운전 가르쳐주는 거죠. 아내를 위해서 조언해주다가, 나중에 혼자서 막 짜증을 내요. 드라마에서도 맨날 상사가 부하직원한테 서류 집어던지면서 성질 내잖아요. 고작 자기 마음대로 문서 안 만들어왔다고요. 웃기죠? 자기가 기대해놓고 혼자서 막 화를 내는 거예요. 인간이란 존재가 참, 비합리적이게도 그래요.

게다가 '쉬' 한번 하면 그 뒤치다꺼리가 엄청나죠. 새벽 3시 반, 침대에 쉬했다고 생각해보세요. 어후, 더 이상 말 안 할게요.

육아 번아웃, 내 맘대로 안 돼서 짜증, 힘든 뒤치다꺼리. 이 세 가지 요인이 합쳐져 죄 없는 아이가 상처를 받게 되는 겁니다.

부모가 아이를 살해했다는 기사들 종종 올라오죠. 그런데

"사고 당일 소변 실수를 해서 욱하는 마음에 때렸더니, 죽었다" 이런 사건이 꽤 많았어요. 참 마음 아팠습니다. 방광 기능이 미숙해서 소변을 가릴 수 없었을 뿐인데 아이가 무슨 죄인가요.

꼭 폭력으로 이어지지 않더라도, 이 '기저귀 떼기' 때문에 아이는 상당한 스트레스를 받는다고 합니다. 밤 소변을 실수했을 때, 다시 기저귀를 채우는 것도 '부모에게 벌을 받는다'라고 여길 수 있다고 해요. 따라서 배변훈련 중 모든 과정에 세심한 배려가 동반되어야 하지요.

"원래 네 나이 때는 소변 실수할 수 있어. 기저귀는 그래서 차는 거야. 노력한다고 참을 수 있는 게 아니니까. 네가 이상한 거 아니야. 걱정하지 마. 창피해하지 마." 부모가 스스로 믿고, 아이에게 이렇게 말해주세요.

그럼에도 불구하고 주변 사람들로부터 '아이의 장래를 위한 걱정 공격'이 들어올 수 있지요.

"애 아직 기저귀 안 뗐니? 1주일만 고생하면 금방 뗀다."

"너는/네 남편은 훨씬 전에 뗐는데 너무 늦는 거 아니니?"

"아이가 친구랑 비교해서 자신감 떨어지는 거 아니니?"

이럴 땐, "그렇지 않아도 아이가 기저귀 때문에 많이 스트레스 받아요. 주변에서 걱정하면 자신감 더 떨어지니까, 앞으로 그런 얘기 우리 집에서 하지 말아주세요. 애 들으면 큰일 나요"라고 방어하시고 쿨하게 넘기세요.

기저귀 떼기, 기저귀 값 말고는 스트레스 받지 마세요!

# 쉽게
# 대변 가리게 하는 법

대부분의 아이들이 대변을 소변보다 먼저 떼요. 또 대변은 소변만큼 자주 보지 않잖아요. 하루에 기껏해야 1~2번 보죠. 소변보다 오래 참을 수 있어서 실수가 적고요. 그래서 대변 가리기는 일견 쉬워 보여요.

그런데 이 '참을 수 있다'라는 특징 때문에 소변 가리기에서 볼 수 없는 다른 문제가 생길 수 있어요. 변기에 아무리 앉혀놓아도 똥을 못 싸는 거죠. 기저귀가 없으면 대변을 보지 않는 거예요. 포기하고 일어서면 이런, 5분도 안 지나 똥을 지려요. 대변이 뱃속에서 쌓이고 쌓여 결국 밖으로 넘치게 된 겁니다.

어후, 그런데 팬티에 똥을 싸면 뒤처리가 소변 실수와는 차원이 다르잖아요. 시각, 후각, 촉각, 오 마이 갓. 똥 묻은 팬티를 손수 일일이 비벼 빨아야 하네요. 아무리 내 새끼지만 멘붕 오는 걸 막을 수 없죠.

게다가 소변은 왠지 못 참을 수도 있겠다 싶은데 대변은 아이의 의지가 어느 정도 섞여 있는 느낌이에요. 아까 배 아프다고 할 때 똥 싸랬더니 '힘 안 주고 안 싸놓고' 이제 와서 옷에다 싸는 게 화가 난단 말입니다.

그런데 말이죠. 배변이 의지만으로 조절할 수 있는 걸까요? 우리도 변비로 고생해본 적 있잖아요. 싸고 싶어도 며칠씩 못 쌀 때 있죠. 변기에 앉아서 얼마나 괴로웠어요.

반대로 갑자기 배가 아파서 난감한 경험도 있을 거예요. 출근길 지하철에서 배 아프면, 등골에서 식은땀이 줄줄 흐르죠. 회사가 두 정거장만 멀었어도 큰일 날 수 있었단 말이에요.

프로이트의 정신분석 이론을 근거로 '배변행위에 아이의 의지가 반영되어 있다 즉, 아이가 일부러 참고, 일부러 아무데나 싼다' 이렇게 얘기하는 분도 계시던데요. 제 개인적인 생각으로는 글쎄요. 대변을 참는 데에서 쾌락을 느껴 변비가 생기고, 엄마를 조종하기 위해 꼭 화장실 없는 곳에서 변을 보고 싶어 한다니, 이것이 진실인지 두 살짜리 아이에게 한번 물어보고 싶습니다.

이론이 사실이든 아니든, 이런 식의 접근은 실제 배변문제를 해결하는 데 오히려 걸림돌이 될 수 있습니다. 배변활동에 의지가 담겨 있다고 생각해보세요. 얼마나 복잡해져요. 일부러 똥 아무데나 싼다고 느끼면 얼마나 짜증이 나겠어요. 그냥 '아직 익숙하지 않은가 보다, 언젠가는 잘하겠지' 이렇게 생각하는 게 마음 편하지요.

자, 그러니까 화를 잠시 접고, 변기에 대변 못 보는 원인부터 제거해볼게요. 측은지심으로 아이의 배변을 편안하게 도와주세요.

아까 말씀드렸죠. 아이가 변을 지리는 건 대부분 변비 때문이라고요. 그럼 우리가 언제 변비로 고생했는지 한번 생각해봅시다. 화장실이 낯설거나 변이 딱딱해졌을 때, 두 가지로 요약할 수 있겠네요.

먼저 똥 싸는 환경을 편안하게 만들어볼게요. 화장실 자체가 싫어서 변 못 보는 아이도 있어요. 처음에는 아이 변기를 거실이나 방에 놓아두세요. 변기에 적응됐을 때 화장실로 옮기시면 됩니다.

기저귀에 대변 보는 걸 편안해하면 기저귀 찬 채로 변기에 앉아서 보게 두세요. 조금만 크면 기저귀 차고 대변 보는 사람 없거든요. 이건 100퍼센트예요. 늦어봤자 남들보다 몇 개월 늦는 거니까 완전히 대변 가릴 때까지 그냥 채워도 괜찮습니다.

한편 대변을 변기에서 익숙하게 볼 때까지 장시간 외출은 피하시길 권해드려요. 우리도 밖에서는 화장실 가기 싫잖아요. 여행 가면 3~4일도 참을 수 있어요. 그러다 보면 어떻게 돼요? 똥이 딱딱해져요. 집에 돌아와서 똥 싸기가 두려워지죠. 잘못하면 똥꼬 찢어져요. 아이도 밖에서 똥 쌀 타이밍 놓치면 바로 변이 단단해져요. 악순환이 시작됩니다. 이걸 예방하려면 멀리 안 나가는 게 좋아요.

마지막으로 이건 십 수년간의 경험으로 터득한 변비 탈출 노하우인데요. 지금 여러분에게 알려드릴게요. 저는 야채, 물, 유산균 다 효과 없었거든요. 그런데 딱 두 가지 변비에 직방인 게 있더라고요. 바로 아보카도랑 미역국이요. 검색해보시면 수많은 간증 글을 찾아보실 수 있을 거예요. 진심으로 추천드립니다.

아이들은 생각보다 은근히 대변 실수 많이 해요. 저도 다 커서 그런 적 있고요. 6세, 7세 때 한 번씩 그랬네요. 미술학원 걸어가다, 유치원 소풍 가서 징검다리 건너다 그만 힘 풀려 쌌어요.

아직도 생생히 떠올라요. 그 당황스러움과 들키고 싶지 않은 복잡한 마음. 근데 여기서 중요한 건 '그래서 어떻게 해결됐지?' 이 뒷이야기가 기억이 안 난다는 거예요.

아마도 저희 엄마를 포함해서 어른들 모두 조용히 씻어주고 뒤처리해주셨나 봐요. 지금 생각하면 진짜 감사한 일이죠.

그 복을 받아서인지, 제 성질이 지랄맞은데도 저희 애들이 대소변 실수할 때는 의외로 우아하게 대처할 수 있더라고요. (역시 역지사지가 공감의 기본 원칙인가 봅니다)

혹시 여러분의 아이가 팬티에 똥을 지려서 여러분을 절망하게 만든다면, 제 복 나눠드릴 테니 한번 피식 웃고 참아주세요. 한때 똥쟁이가 부탁드립니다.

# 경청하지 못해도
# 괜찮아요

아이들은 우리말 서툴죠. 한국에 온 지 얼마 안 된 외국인이랑 비슷해요. 한 문장을 제대로 말하려면 한참 걸려요. 조금은 답답하고 불편하지만, 한편으론 웃기고 귀여워요. 아이들과 대화하다 보면 깨물어주고 싶게 사랑스러운 순간을 수없이 경험하게 될 거예요.

그러나 아이들이 황홀한 순간만을 선사하진 않아요. 종일 쫓아다니며 자기 이야기를 들어달라고 요구해요. 눈치도 없어요. 내 표정 따위 상관없이 발랄하게 징징대요. 어른끼리 제대로 된

대화 좀 나눠보려면 여지없이 끼어들어요. 그런데 애가 말하려는 게 뭔지 파악하려면 많은 시간과 노력이 들어요. 아이가 말을 걸면, 솔직히 어떤 때는(어떤 때는? 대부분은) 귀찮기까지 하죠. 진지하게 듣기 힘들어요.

그래도 어쩌겠습니까. 경청은 인간관계의 기본이잖아요. 특히 아이를 키우는 부모라면 무조건 갖춰야 할 덕목이겠죠. 그렇지 않을 경우, 부모의 관심과 애정이 부족하다고 느낄 테니까요. 우리는 매일 밤 '내일은 경청!'을 가슴에 새기고 잠이 듭니다.

하지만 다음 날이 되면 어제의 다짐은 잊어요. 30분은 참을 만한데 그 이상 대화가 지속되면 점점 의식이 소실돼요. 대단하죠? 쟤들은 말이 어쩜 이렇게 많은 걸까요?

아이의 질문에 건성건성 대답하고, 말 길어지면 "빨리 말해. 그래서 뭘 해달라는 거야?" 하면서 잘라먹고. 아무리 생각해도 최악의 부모가 틀림없죠. 자책감에 힘들어 육아서를 펴보면 '경청하는 부모가 되세요!' 밑줄까지 그어져 있어요. 이제 도망갈 곳이 없네요.

혹시 여러분도 이런 고통 겪고 계신가요? 그렇다면 찌찌뽕.


저는 남의 말 듣는 거 그럭저럭 잘하는 편이라고 생각했거든요. 정신과 의사잖아요. 하지만 제 자식 말은 도저히 못 들어주겠더라고요. 너무 재미가 없어서요. 아무리 재미가 없어도 자식 얘긴데 좀 참고 들어주면 될걸, 그거 하나 들어주는 것도 힘들어 하고 있으니 '이러고도 내가 제대로 된 부모라 할 수 있나' 좌절감과 죄책감에 매일 시달렸지요.

너무 괴로우니까 어떻게든 해결해보기로 마음먹었습니다. 힘들면 뭐다? 검색해야죠. 인터넷에 '경청'을 쳐봤어요. 허허. 경청은 정말 중요한 덕목인가 봐요. 목차에 '경청'이 들어가는 책만 해도 무려 4,400권 이상이나 되더라고요. 본문에 '경청'이 포함되는 책은 1만 권이 넘었고요.

마음이 확 편해졌어요. '나만 어려운 게 아니구나' 싶어서요. 사람들 대부분이 이미 잘하는 거면 굳이 책으로 쓸 이유가 없을 거 아녜요. 경청하는 게 얼마나 어려우면 다들 그토록 강조하겠어요.


이후로 아이가 말을 걸어올 때 훨씬 편안하게 응대할 수 있었습니다. 힘을 빼고 대화하니 말 폭격에도 수월하게 대처할 수 있었고요. 정신이 흐트러질 때마다 느껴지던 죄책감도 사라졌죠.

아이 말에 집중하려고 '노력'하지 마세요. 우리는 이미 인간 관계를 무난하게 맺고 있잖아요. 아이한테도 평소 하듯이 그렇게 대하면 됩니다. 적절히 '진짜 경청'과 '경청하는 척'을 섞어가면서요. 이야기에 집중할 수 있으면 빠져들고, 정신이 혼미해지면 적당히 맞장구치면서 버티는 거죠.

이야기가 나온 김에, 경청이 어려울 때 쓰는 만능 추임새 몇 가지 알려드릴게요.

오~ / 오호~ / 아~ / 아하~ / 우와~ / 대박! / 짱! / 어머~
응 / 그랬어 / 그랬구나 / 그러니까
맞아 / 그래 / 진짜? / 좋아

말끝을 올리고 내림에 따라 수십 가지 조합이 가능해요. '대박, 그래? 응~ 맞아 맞아. 어머~ 진짜? 그랬구나! 좋아.'

상대방이 어떤 이야기를 해도 대충 맞장구칠 수 있습니다.

어떠세요? 좀 편안해지셨나요? '이건 진짜가 아니잖아?', '왠지 양심에 찔려!' 이런 찜찜함이 남아 있는 분 혹시 있나요? 그래요. 그렇게 느끼실 수도 있겠죠. 하지만 진실은 그렇지 않습니다. 방법의 차이일 뿐, 우리는 충분히 진짜 경청을 하고 있으니까요.

우리는 아이가 어디로 가는지, 뭘 하는지, 표정은 어떤지, 온종일 살피고 있잖아요. 이게 경청이죠 뭐. 꼭 말로 해야 하나요.

말하지 않아도 알아요. 눈빛만 보아도 알아.

그저 바라보면, 마음속에 있다는 걸~

# 끊임없는 질문 공격에
# 대처하는 법

"이건 뭐야?"

이 질문을 시작으로, 여러분은 질문의 소용돌이에 빨려 들어갑니다. 와우, 진짜 아이들은 어쩜 이렇게 궁금한 게 많을까요?

이해는 됩니다. 아이들은 아는 게 하나도 없으니 다 물어보고 싶겠죠. 하지만 해도 해도 너무할 때가 있어요. 특히 밥 먹을 때, 운전할 때, 설거지할 때, 왜 하필 이럴 때 궁금함이 폭발하는 걸까요. 세상 쓸데없는 것도 세상 진지하게 물어봐요. 꼭 엄마 아빠 대화 끊고서요. "엄마, 엄마, 엄마, 에베레스트산은 왜 이름이 에베레스트야?"

한번은 미용실에 갔다가 꼼짝없이 30분 동안 질문 공격을 당한 적이 있었어요. 대기하느라 어디 도망갈 곳도 없었지요. 눈에 보이는 온갖 미용기구의 쓰임새, 각 부분별 명칭, 헤어디자이너의 일거수일투족을 실시간으로 묻더라고요.

속 모르는 옆 아주머니들은 얼마나 '남의 아이'가 귀여웠겠어요. "어머나, 애가 똘똘하네. 엄마가 밥 많이 먹고, 잘 키워야겠어."

전 여기서 "엄마가 밥 많이 먹어야겠다"라는 말만 귀에 들어오더군요. 질문 많이 하는 아이와 살려면 진짜 밥을 많이 먹고 기운내야죠. 암요. 솟구치는 귀찮음을 참아내려면요.

밥 많이 먹는 걸로만 해결되면 얼마나 좋겠어요. 하지만 그럴 리 없으니, 우리는 육아서를 뒤져봅니다. 허허, 역시. '아이의 호기심을 환영하고, 더 깊은 질문을 하도록 유도하라.' 웬만한 육아서마다 이렇게 쓰여 있네요.

그런데요. 이게 진짜 가능한 일일까요? 거짓말 안 하고요, 두 아이가 하루에 질문하는 게 백 개는 되는걸요. "엄마, 이거 어디다 버리면 돼?" 이런 소소한 질문에 답하는 것만으로도 하루가 다 가요. 애초에 왜 굳이 나한테 묻는 건지 알 수 없는 질문도 많고요.

"엄마, 36 곱하기 7은 얼마게?"(너 정답은 알고 물어보는 거냐.)

"왜 그래? 왜 안 돼? 왜 이런 거야? 왜 이렇게 안 생긴 거야? 왜? 왜 엄마는 맨날 글쎄라 그래?"

톡 까놓고 얘기해서 '왜 공격'을 오십 번쯤 받으면 산속으로 들어가 한 달간 묵언수행이라도 하고 싶습니다. 바쁜 아침 식탁에서, 싱크대에서, 차 안에서, 우아하게 "왜 이게 궁금할까? 네 생각은 어때?"라고 화답하는 건 솔직히 못 하겠어요. '정신과 의사가 그래도 되나요?' 하고 비난하셔도 어쩔 수 없네요.

"아, 그냥 외워 그냥. 원래 그래. 나도 몰라. 아, 쫌! 그만 좀 물어봐!" 이 말이 목구멍까지 올라오는 걸 꾹 참는 것만으로도 훌륭한 엄마 아닌가요.

여러분도 저와 같은 고민을 갖고 계시다면, 좋아요. 다른 방법을 알려드릴게요. 엄마가 노력하지 않아도 아이의 호기심을 받아주는 법을요.

우리가 마련할 건 노트 한 권이에요. 식탁 옆에 두고, 질문을 받아 적는 거죠. 그리고 말하시면 돼요. "엄마가 한번 알아볼게. 그리고 책 사줄 테니 너도 한번 찾아봐."

그럼 아이는 자기 말 들어줬으니 일단 만족합니다. 여러분도 아이에게 귀찮다고 짜증 안 냈으니 대만족이죠.

다음 단계로, 여유시간에 차분히 답을 알려주거나 질문과 관련된 책을 삽니다. 아이가 시간을 물으면 시계 보는 책, 더하기 문제를 내면 산수 책, 지리를 물으면 전국 지도, 유튜브에 대해 물으면 크리에이터 관련 책을 사주세요.

이런 책은 집에 도착하자마자 아이가 나서서 읽어요. 책 많이 읽으라고 말할 필요도 없어요. 독서습관이 자연스레 드는 거예요. 일석이조라고 할 수 있죠.

요즘엔 아이 눈높이에 맞춘 쉬운 책이나 재미있는 만화책이 얼마나 많은지 몰라요. 진짜 감사한 일이에요. 나 대신 대답해 주잖아요. 게다가 아주 친절하게 말이죠.

어떠세요? 질문 공격 대처하기, 참 쉽죠?

오늘부터 대답은 책에게 맡기고 커피 한 잔의 여유를 즐기시길 바랍니다.

# 칭찬 안 해도 괜찮아요

아마 여러분은 칭찬하는 방법에 대해 여러 책들을 읽으셨을 거예요. 과정을 칭찬해라, 세부내용을 칭찬해라 등등 비법을 보셨을 테죠.

그런데… 잘 되시던가요? 좀 오글거리진 않나요? 아이가 칭찬을 들으면 정말 좋아하는 것 같던가요?

생각보다 칭찬하는 게 쉽지 않아요. 저도 그렇거든요. 말하면서도 왠지 어색한 느낌을 지울 수 없어요. '이렇게 노력해야만 되나? 좀 귀찮은데?' 이런 생각도 들고요. 그렇다고 대충 칭찬하자니 아이한테 좀 미안하죠. 또 칭찬을 잘못하면 독이 된다면서요. 아이쿠, 뭐가 이리 어려운지. 저만 그런 건 아니겠죠?

그래서 준비했습니다. 아이를 칭찬하는 가장 쉬운 방법, 그게 뭘까요?

결론부터 말씀드릴게요. 그냥 칭찬하지 마세요.

여러분의 허탈한 웃음이 들리는 듯하네요. '엥? 무슨 소리냐? 칭찬은 고래도 춤추게 한다는데, 아이에게 인정과 격려를 하지 말라는 뜻이냐?' 이런 생각이 드실 거예요.

그럴 리가요! 다른 사람에게 인정받는 게 얼마나 신나는 일인데요. 사랑하는 내 아이에게 행복을 줄 수 있다면 뭔들 못하겠어요. 게다가 공짜인데.

다만 위에서 말한 '바람직한 칭찬'을 실제로 하기 어렵잖아요. 그걸 하지 말라는 거예요. 한번 예를 들어볼게요.

아이가 그림을 보여주면서 "엄마, 엄마~" 하고 다가와요. 여러분은 "와~ 잘 그렸네. 최고!" 하려다 멈춰요. '결과가 아니라 과정을 칭찬하라 그랬지!' 한 템포 생각해요. 그러고 나서 말하죠. "어머~ 우리 예준이가 그림을 꼼꼼하게 잘 그렸구나~ 꽃 색깔도 너무 예쁘다!"

참 모범적인 답안이에요. 여기서 엄마는 과정, 세부내용 모두 세심하게 칭찬했죠. 좋아요.

하지만 이거 매번 하기 어려워요. 입에도 왠지 안 붙고요. 노력해야 겨우 나온단 말입니다. 근데 아이들은 하루에도 수십 번씩 뭔가를 자랑하잖아요. 나중에 아이가 그림 서른 번째 들고 오면, 칭찬하다 지쳐 짜증 나요.

육아에서 가장 중요한 건 뭐다? 지치지 않는 거예요. 그래야 아이한테 화 안 내죠. 쉽게 쉽게 가야 합니다. 할 말이 태산인데 칭찬까지 신경 쓰면서 하지 마세요. 진짜 쉬운 격려 방법 알려드릴게요.


어떻게 하느냐고요? 별거 없어요. 우리가 이미 잘하고 있는 거예요. 가장 친한 친구한테 말하듯이 하면 됩니다.

구체적으로 살펴볼게요. 친한 친구가 그림을 그려서 우리한테 보여준다고 가정해봅시다. 그럼 우리가 뭐라고 하죠? 생각하지 마시고 바로 말해보세요.

"우와~ 짱! 대~박. 야, 너 진짜 그림 잘 그린다." 그리고 엄지 척!

이거면 돼요. 우리는 친구한테 이렇게만 말합니다. 왜냐하면 친구가 앞으로 더 열심히 그림을 그렸으면 좋겠다고 바라지 않잖아요. 그래서 순수한 '감탄'을 해요. 서로 깔끔합니다.

여기서 "오랜 시간 열심히 그렸구나."(과정 칭찬) "노력하더니 실력이 많이 늘었네."(실력 향상 칭찬) "빨간색 원피스가 독특한 걸? 이 부분 표현이 세심해서 좋다."(세부사항 칭찬) 그러면 친구가 더 좋아할까요?

아니요. 왠지 불편해져요. 분명 더 성의 있게 칭찬했는데 기분 묘해져요.

아직 느낌 안 오시나요? 알겠어요. 더 확 와닿는 예를 들어볼게요. 우리가 시부모님을 집에 초대했다고 상상해봐요. 시어머니가 음식을 맛보고 나서 뭐라고 하셨으면 좋겠어요?

"이야~ 이거 진짜 맛있다." 끝.

이거면 돼요. 여기서 "우리 며느리가 열심히 준비했구나. 그 사이 요리 실력이 많이 늘었는걸? 항상 열심히 노력하는 모습이 보기 좋다. 특히 잡채에 ○○버섯을 넣어서 더 맛있는 것 같네. 좋은 아이디어야"라고 하면, 우리가 진심으로 기쁠까요?

아니죠. '다음에 또 요리하라고 저러네.' 딱 이 생각이 들어요.

그래서 칭찬하지 말라는 겁니다. 아들러가 강조했듯이, 칭찬은 기본적으로 윗사람이 아랫사람에게 하는 거예요. 칭찬 이면에는 상대방을 움직이게 하려는 의도가 숨어 있어요. 칭찬은 고래도 춤추게 한다죠? 맞아요. 고래를 춤추게 하려고 칭찬하는 거예요. 누군가에게 '내가 원하는 행동을 하도록' 간접적으로 지시하는 겁니다.

> "네가 오늘 쓰레기를 치워줘서 정말 기쁘다. 덕분에 내 부담이 훨씬 줄었어."
> → 앞으로도 나 대신 쓰레기를 치워주었으면 좋겠어.

> "어머~ 우리 예준이가 그림을 꼼꼼하게 잘 그렸구나~ 꽃 색깔도 너무 예쁘다!"
> → 앞으로도 이렇게 '열심히' '잘' 그리자.

따라서 칭찬받은 사람은 묘하게 기분이 찜찜해져요. '나를 조종하려 하는구나!'를 무의식 중에 느끼거든요. 아이도 다 알아요. 아이는 우리 아랫사람이 아니잖아요. 의도된 칭찬을 들으면 기분 나빠해요.

그래도 공부는 좀 하도록 칭찬하고 싶으시다고요? 크흐흐. 좋아요. 시험지를 자랑하러 오면, 이렇게 말하시면 됩니다. "우와~ 시험 잘 봤네. 짱!"

아이는 그것만으로도 기뻐할 거예요. 자리에 돌아가 스스로 더 열심히 뭔가를 할 거예요.

오늘부터 엄지손가락과 감탄사만 준비하세요. 아이가 다가와서 자랑하면, 바로 발사~!

짱~! 대~박! 최고!

# 놀아주지 않아도
# 괜찮아요

"엄마 심심해~"

(난 안 심심한데.)

"엄마~ 엄마~ 엄마아아~~"

(좀 아빠라 부르면 안 되겠니?)

"엄마랑 같이 놀고 싶어~ 이거 봐봐~"

(엄만 혼자 놀고 싶다. 진짜야.)

온갖 매체에서 아이와 적극적으로 놀아주라고 권유하죠. 육아에서 중요한 것은, 함께 보내는 시간의 양이 아니라 질이라면서요.

놀이의 장점은 여러분도 익히 알고 계실 겁니다. 아이와 적극적으로 놀아주면 애착이 잘 형성되고, 정서 발달에 도움을 주며, 심지어 지능도 좋아진다고 해요. 만병통치약이 따로 없네요.

여기서 우리는 불안해집니다. '혹시 적극적으로 놀아주지 않으면 애착이 불안해지고, 정서 발달에 문제가 생기며, 지능이 좋아질 기회도 사라지는 건가?'

불안할 땐 뭐다? 검색에 돌입합니다. 인터넷으로 놀이법을 찾아봐요. 엄마표 놀이, 아빠표 놀이, 오감만족 놀이, 아이와 놀아주는 아주 쉬운 방법….

그리고 좌절합니다. 쉬운 방법이라는데, 나에겐 어렵게만 느껴져요. 나의 인내력은 턱없이 모자라고, 무엇보다 체력이 부족합니다. 어떻게 몸으로 놀아주나요? 게다가 우리 남편은 저렇게 놀아줄 분도 아니네요. 괜히 남편이 미워져요.

이제 남은 건 우리 아이만 뒤처지는 건가요? 게으른 부모를 만난 덕분에요.

이런 상황에서 아무것도 하지 않고 아이와 어색한 시간을 보내면, 5분도 채 지나지 않아 안절부절못해집니다. 뭔가 보람찬 일을 해야만 할 것 같은 강박을 느껴요.

그런데 문제는 뭘 하며 놀아줘야 할지 모르겠다는 거죠. 그림 그리기는 이미 했고, 책 읽기는 재미없다 하고, 블록 쌓기를 다시 해야 하나? 밖에 나가자니 내가 너무 피곤하고, 하루는 왜 이렇게 긴가요?

무엇보다 아이랑 노는 건 너무 지루하네요. 오늘 하루는 어찌어찌 놀아 보겠는데 이걸 계속하라고요? 아… 진짜 못 해먹겠어요. 나는 나쁜 엄마 맞나 봐요.

혹시 여러분도 같은 고민에 빠져 있나요? 아이와 멍 때릴 때 죄책감에 시달리는 분들 계신가요? 좋아요. 이런 분들을 위해 준비했어요. 놀이에 관한 세 가지 진실을 알려드릴게요.

① 아이와 노는 건 원래 재미없다.
② 사랑으로 극복할 문제가 아니다. 억지로 하면 내가 화난다.
③ '부모가 안 놀아줘서 신세 망쳤다'고 말하는 자식 못 봤다.

솔직히 애랑 노는 게 재미있을 리가요. 쟤들이랑 우리는 나이가 서른 넘게 차이 나고, 살아온 환경, 관심사 모두 다르잖아요. 얘는 까꿍놀이 30분씩 해도 즐겁다지만 나는 지겨운 걸 어떡해요. 아이랑 같이 놀기 정말 힘들어요.

이건 사랑이랑도 별개입니다. 사랑으로 극복 못 할 것이 세상 수두룩 빽빽하다는 걸 이미 알고 있잖아요. 우리랑 부모님 사이만 봐도 그래요. 부모님을 사랑하지만 함께 놀고 싶지는 않죠.

우리와 아이도 마찬가지예요. 아이를 사랑하지만, '더는 같이 못 놀겠네.' 싶을 때가 있어요. 그걸 억지로 참으면 결국 부모가 짜증 냅니다. "이제 그만하자. 그만. 그만!" 그럼 아이랑 놀아주지 않은 것만 못 하게 되는 거죠.

그래도 왠지 마음이 불편하다고요? 그래요. 무슨 말인지 알겠어요. 그 마음 이해해요. 놀이가 엄청난 노력을 요하든 아니든 '놀아줘야 한다'는 의무감을 내려놓기는 쉽지 않을 거예요. 워낙 '부모와 함께하는 놀이를 통해 애착이 형성된다', '아이는 놀이를 통해서 큰다' 류의 메시지를 많이 들어보셨을 테니까요.

그런데 말이죠. 끼니 되면 따뜻한 밥 주고, 울면 달래주고, 겨울엔 따뜻하게, 여름엔 시원하게 해주는데 그거 좀 안 놀아줬다고 애착이 안 생길 리가요. 부모는 세상에서 자기한테 제일 친절한 사람인걸요.

부모가 적극적으로 놀아주지 않는다고 정서 발달에 문제가 생기지도 않아요. 여러분 부모님은 얼마나 여러분과 놀아줬나요? 딱히 많지 않죠? 그래도 여러분들 다 그럭저럭 잘 컸잖아요.

학대하는 부모 때문에 정서에 문제가 생길 수는 있어도, 부모가 안 놀아줘서 문제 생겼다는 사람 정신과 클리닉에서 한 명도 못 봤어요. 지능 발달이라… 놀이로 지능이 발달한다면 노벨 의학상을 줘도 아깝지 않다고 생각합니다. 더 언급하지 않을게요.

적당히, 내 능력 닿는 대로, 그때그때 맞춰주면 됩니다. 친한 친구랑 노는 것처럼요. 억지로 참고 놀아줄 필요 없어요. 이참에 아이도 상대방의 '놀고 싶지 않다'는 거절을 받아들여 보는 거죠.

전 아이가 놀아달라고 할 때, 책 보는 게 그나마 재미있어서 그냥 책 읽어줘요. 책 읽어주기도 귀찮을 때는 거실에 이불을 펴거나, 욕조에 물을 받아줍니다. 어른이나 애나 이불에서 뒹굴거리고 목욕 좋아하는 것은 매한가지잖아요. 실패한 적이 없어요.

이제 물감, 놀이교구, 이런 거 치우느라 스트레스 받지 마세요. 애랑 몸 바쳐 놀다가 골병 들지 말고요. 괜한 남편 잡지 마시길요. TV에서 영화 한 편 다운받아 틀어줘도 됩니다.

우리, 오늘도 쉽게 쉽게 가요. 그래도 괜찮아요.

# 예민한 아이여도
## 괜찮아요

혹시 예민한 아이 키워보셨나요? 이런 애들 대박이죠. 매 순간 거슬리잖아요. 어마어마한 회장님 모시는 기분이에요.

새로운 식당 한번 가는 것도 보통 일이 아니에요. 일단 식당 입구에서 멈춰서요. 쓱 보더니 분위기가 맘에 안 들어서 안 먹겠대요. (웅? 우리 지금 데이트하는 거 아니거든! 배고파서 식당 왔잖아!)

겨우 들어가서 앉혀두면요. 맛이 달다, 짜다, 느끼하다, 냄새가 이상하다, 씹는 느낌이 싫다, 아주 못 먹는 이유가 가지가지예요. "그만 먹을래. 얼른 집에 가." 징징징징. 그러더니 이젠 옆

사람이 시끄러워서 못 견디겠다네요. (어머나! 내가 보기엔 네가 식당에서 제일 시끄러워.)

이런 아이들은 감각이 예민하다 보니 금방 지칩니다. 사람 많은 곳에 가면 30분도 지나지 않아 영혼이 가출해요. 눈빛이 풀리고 툭하면 짜증을 냅니다. 흐느적흐느적, 누가 보면 오징어인 줄 알겠어요. 모처럼 외출했는데 "똑바로 앉아, 소리 지르지 마." 잔소리하다가 끝나지요.

이해가 안 되는 건 아닙니다. 사실 저도 감각이 예민한 편이거든요. 조금만 밝아도 잠을 못 자서 암막 커튼이 꼭 있어야 해요. 시계 초침 소리가 거슬려서 우리 집 시계는 전부 무소음이고요.

그럼에도 불구하고 아이를 보며 '넌 좀 심하구나. 조금만 인내심을 가져보면 안 될까?' 싶을 때가 있거든요. 솔직히 말하면 내 아이지만 그런 순간에는 참 진상 같아 보여요. 이러다 사회생활도 제대로 못 할까 봐 걱정될 정도예요.

그래서 처음엔 이 예민함을 고쳐보려고 노력했어요. 까칠하게 굴 때마다 "이 정도는 참아봐"라고 반복했습니다. 하지만 잘 안 됐어요. 그럴 만하죠. 참을성이 원래 없을 나이인데 하루 아침에 생길 리가요.

게다가 아이들의 감각은 원래 어른보다 예민하니까, 이미 둔해진 제 기준에 맞추면 안 되겠더라고요. 입덧했을 때 기억을 떠올리며 이해해보기로 했습니다. 저는 그 당시 종이박스 냄새에도 구역질이 났었거든요. 근데 여기서 "박스 냄새가 뭐 별거라고, 좀 견뎌봐." 이러면 안 되잖아요. 그럴 땐 그냥 피하는 게 답이죠. 입덧이 끝날 때까지요.

그렇게 생각하니까 좀 이해가 되더라고요. '너도 나 닮아서 세상 살기 고되겠다. 그치?' 짠하기도 하고, 꼴보기 싫은 마음이 조금 가라앉았습니다.

한편으로는 이런 생각도 들었지요. 예민한 사람이 있어서 세상이 좀 더 편해진다는 생각. 불편함을 느껴야 그걸 개선하잖아요. 스티브 잡스도 시각적으로 굉장히 예민한 사람 아니었을까요? 버튼이 여러 개 달린 기기를 견딜 수가 없었던 거죠.

앞서 제가 한 예민하다고 말씀드렸었죠. 특히 소리에 더 예민해요. 초침 소리도 거슬리는 주제에 아이 둘을 낳았으니 애 키우기 얼마나 힘들었겠어요. 짜증도 많이 났고요. 그게 괴로워서 '아이에게 화 안 내는 법'을 어떻게든 찾아보다 지금 책까지 쓰고 있잖아요. 허허허. 예민한 게 이런 식으로 도움될 줄 누가 알았겠어요.

세상은 점점 예민한 감각의 소유자를 원합니다. 육체 노동은 기계에, 두뇌는 인공지능에 이미 넘어가고 있는 시대예요. 이제 남은 것은 감성, 느낌뿐. 사람들의 니즈를 파악하려면 무엇이 불편한지, 무엇이 좋은지, 본능적으로 알아내는 사람이 유리하지요.

그리고 요즘 성공한 리더 중에는 예민한 사람이 많습니다. 남들이 놓치는 실수를 잡아내고, 팀원들의 마음을 파악하려면 예민함은 필수 덕목이죠.

이처럼 예민한 감각은 양날의 검과 같습니다. 단점이면서 큰 장점이에요. 고칠 필요 없어요. 고칠 수도 없고요. 아이의 특성을 이해하고 장점을 살려 나가도록 기다려주시면 되겠습니다.

## 소심한 아이여도
## 괜찮아요

"사내자식이 소심해가지고." 남자아이에게 이만 한 욕도 없을 거예요. 겁쟁이라는 뜻이잖아요. 전 세계 수많은 아들들이 소심하다는 죄로 '격려의 형벌'을 받습니다.

"친구한테 가서 말 붙여봐. 파이팅!"

"원하는 게 있으면 당당히 말해. 넌 할 수 있어!"

하지만 소심한 아이들은 절대 이 말대로 움직이지 않아요. 아무리 '할 수 있다!'고 격려해도 '하지 못하고' 돌아옵니다. 부모는 답답해서 미치죠. 특히 아버지들은 아들에게 엄청난 실망감을 느껴요. 격려를 넘어 강압적으로 대범하길 요구하기도 합니다.

그런데 말이죠. 소심한 게 그렇게 나쁜 건 아니잖아요. 남에게 피해를 주는 것도 아니고요. 그럼에도 불구하고 소심한 아이를 둔 부모는 자기도 모르게 한숨을 내쉽니다. 성격을 고치고 싶어서 안달이 나요. 신기하죠. 이 밑도 끝도 없는 실망감 때문에 괴로워요.

아마 '본능적인 두려움' 때문이 아닌가 싶어요. 아이가 자신의 영역을 지키지 못할까 봐 걱정되는 거죠. 예전에는 용감해야 생존할 수 있었잖아요. 사냥을 하려면, 쳐들어온 적을 물리치려면, 대범함이 필요했을 테니까요.

하지만 지금은 세상이 변했어요. 더 이상 소심함이 커다란 단점으로 작용하지 않는단 말이에요. 오히려 섣불리 뛰어드는 용감한 사람보다 생존에 유리한 면이 있어요.

이들은 겁이 많기 때문에 안전을 중시하지요. 예상되는 위험을 꼼꼼히 평가하고 실수하지 않도록 대비해요. 고도의 기술을 요하는 직업에 필수적인 덕목이죠. 이를테면 의사는 소심해야 해요. 작은 것 하나하나 조심해야 사고가 덜 날 테니까요. 또 사업은 소심한 사람이 덜 망해요. 장점이 어마어마하게 많은 성격입니다.

게다가 요즘엔 언택트 시대가 도래했잖아요. 대범하고 적극적인 사람처럼 꾸밀 필요도 없는 세상이 되었어요. 사회생활, 직장생활에서 그간 손해를 봤던 부분도 이제는 사라졌습니다.

무엇보다, 소심한 건 개인의 특성이지 고쳐야 할 질환이 아닙니다. 남들보다 두려움을 많이 느끼고 대비하는 게 뭐가 어때서요? 위험을 예상하고 피하는 게 왜요? 오히려 겁나는데도 '겁쟁이라 놀림받을까 봐' 무섭다고 말 못 하는 사람이 더 겁쟁이 아닌가요?

저도 소심한 편이에요. 서비스 신청하러 콜센터에 전화하는 일도 30분 넘도록 머뭇거리다 겨우 걸어요. 식당에서 물 달라 말하느니 집에 가서 마시고요. 차선에 끼어들지를 못해서 운전도 안 해요. 위험하다고 느껴지거나, 꺼려지면 솔직히 말하고 피합니다. 하지만 전 그게 부끄럽지 않아요. 그렇게 느끼는 걸 어떡해요. 왜 숨겨야 하죠? 그렇다고 제가 용기 없는 사람도 아닌걸요.

제 아이도 저를 닮아 소심한 편인데, 적당히 대범한 면도 섞여 있으면 이상적이겠지만 그런 성격을 가지는 건 자기 팔자죠. 우리는 우리 성격 다 마음에 드나요.

시간이 약이라고. 아이는 하루하루 더 나아질 거예요. 우리도 어렸을 때랑 성격 많이 변했잖아요. 둥글둥글해지고 능글능글해졌죠. 그게 우리 부모님이 노력해서 달라진 건가요? 글쎄요. 대부분 세상에서 몸으로 직접 부딪히면서 바뀌었을걸요. 태권도 보내봤더니 좀 대범해졌다? 그럼 정말 대박이겠지만요.

걱정 말고 그냥 두세요. 소심하다고 겁쟁이 아닙니다. "무서우면 안 해도 돼. 세상에 억지로 꼭 해야 되는 일이란 없어. 두려울 때 두렵다고 말할 수 있는 게 진짜 용기야. 너 겁쟁이 아니야." 그렇게 말해주세요.

# 친구 만들어주지
# 않아도 괜찮아요

제가요, 사실 친구 사귀는 걸 많이 힘들어해요. 밖에서 보면 잘 모릅니다. 항상 웃으며 인사하고, 대화할 때 맞장구치고 박장대소하니까 사교성이 좋은 줄 알거든요. 어떤 사람은 저보고 영업사원 해도 잘하겠대요. 아이쿠야.

하지만 이건 제 본모습과는 상당히 달라요. 사실 전 굉장히 소극적인 사람이거든요. 이렇게 적극적인 모습은 일종의 가면에 가까워요. 외출할 때, '외향적인 사람'이라는 옷을 입는 거예요.

물론 저를 오래 알아온 사람하고는 무방비 상태로 편안하게 대화할 수 있어요. 문제는 그런 사람이 거의 없다는 겁니다. 한 밤중에 전화해서 나올 친구가 5명 있으면 행복한 인생이라는 얘기 있잖아요. 그런데 저는 대낮에 전화할 친구도 5명이 안 돼요.

이 사실을 아는 건 남편, 엄마, 아빠, 동생, 요 정도예요. 남편과 오랜 시간 알고 지내다가 결혼했는데, 제가 이렇게 친구 없는 줄은 진짜 몰랐대요. 어머, 그러고 보니 여러분한테 비밀을 마구 고백하고 있네요. 뭐 이제 비밀도 아니게 되었으니, 좀 더 제 얘기를 들려드릴게요.


어렸을 때부터 친구 만드는 게 참 어려웠어요. 초등학교 들어가기도 전부터요. 함께 어울리고 있어도 이상하게 외로운 느낌 있죠. 왠지 주변에서 겉도는 느낌, 내가 있을 자리가 아닌 것 같은 느낌.

다른 친구들은 "넌 내 단짝!" 하면서 팔짱 끼고 다니는데, 전 다가가 팔짱을 낄 자신도, 누가 다가와 팔짱을 끼고 싶을 만큼 매력적이지도 않았어요. 딱히 친해지고 싶지 않은 소극적인 아이, 왠지 초라하고 존재감 없는 아이, 그게 저였죠.

"너 참 착하다." 이런 얘기는 많이 들었어요. 그럴 수밖에요. 친구랑 뒹굴고 놀아야 나쁘게 굴 기회라도 있겠죠. 착해도, 가까워지고 싶진 않았나 봐요.

'누군가 다가와야 그나마 친해져라도 볼 텐데.' 먼저 다가가지 못하는 제가 한심했지만 용기를 내지 못했어요. 인기 있는 친구들이 정말 부러웠습니다. 그냥 가만히 있어도 아이들이 몰려드는 친구들이요.

아주 어렸을 때는 그래도 괜찮았어요. 한 동네에서 오랫동안 살았거든요. 인기는 없어도, 말할 친구가 없진 않았어요. 그러다 5학년 초에 전학을 갔죠. 꽤 멀리 떨어진 곳으로요.

막상 전학 가 보니 괜히 걱정했다 싶더군요. 전학생이면 신기하잖아요. 아이들이 다가와서 이름도 묻고, 따로 놀자고 말을 붙였어요. 단짝도 생겼지요.

문제는 다음 학년이었습니다. 이제 진짜 친한 사람이라곤 없는 곳에 던져졌어요. 아무도 저에게 관심 없는 교실로요. 아니네요. 저에게 관심을 보인 친구 몇 명이 있었어요.

화려하다고 표현하면 될까요? 누가 봐도 눈에 띄는 아이들 있죠. 키 크고, 예쁘고, 똑똑한 친구들이요. 그 친구들 서넛이 그룹으로 몰려다녔거든요. 그들이 제게 몇 번 말을 걸어왔어요. 6학년이면 벌써 성적에 예민하잖아요. 지난해에 공부 잘했다고 하니까 관심이 있었나 봐요. "너 무슨 학원 다녀? 뭐 좋아해?

취미가 뭐야?"

문제는 제 태도가 미지근했던 거죠. 걔들이 싫어서가 아니라, 친구한테 어떻게 응대해야 하는지 잘 몰라서 쭈뼛쭈뼛했을 뿐이에요. 하지만 곧 미움을 샀습니다.

봄에서 초여름으로 넘어가던 어느 날이었어요. 수업 마치고 가방 싸고 있을 때, 한 아이가 저에게 이 말을 전해주더라고요. "쟤들이 그러는데, 너 재수 없대."

지금 다시 떠올려도 심장이 벌렁거리고 눈물이 날 것 같은데, 정작 그 말을 전해준 사람이 누구였는지 기억 안 나요. 그 순간 그만큼 당황했나 봐요. 뭐랄까 너무 부끄럽고, 수치스럽고, 두렵고, 울음이 터질 것만 같았습니다.

겨우 고개를 들어보니 저쪽에서 그 4명이 저를 바라보고 있었어요. 비웃는 건지, 못마땅한 건지 알 수 없는 표정으로요.

그날부터 제대로 아웃사이더로 살았죠. 가뜩이나 소심했는데, 이제 누구에게 말 붙일 엄두도 못 내겠더라고요.

이후 학창시절 동안 다행히 그때 같은 따돌림을 당하지는 않았어요. 그렇다고 친구 사귀는 능력이 좋아진 건 아니었습니다. 3월에 운 좋게도 마음 잘 맞는 아이와 짝이 되면 그 해에는 잘 지내고, 그런 짝을 못 만나면 그 해 친구 농사는 망하고, 이런 식으로 그냥저냥 지냈어요.

마음 잘 맞는 친구가 없는 해에도 반 아이들과는 두루두루 어울렸습니다. 하지만 소풍날이 되거나, 짝을 지어 팀을 만들 때마다 '누가 나와 함께 해줄까' 불안했어요. 쉬는 시간이나 점심시간이 되면 쿨한 척, 아무렇지 않은 척 연기했지만 마음속은 지옥이었죠. '지금 이 순간 내가 외톨이라는 걸, 아무도 눈치 채지 못했으면….' 매 순간 빌었어요.

남들은 가만히 있어도 친구를 잘만 사귀는데, 왜 나는 그게 안 될까, 뭐가 문제인가, 답답하고 속상했습니다. 대학에 들어가서도 허공을 둥둥 떠다니는 기분이었지요. 그래서 그 시절 처세술 책을 참 많이 읽었어요. 다른 사람에게 호감을 주는 방법, 대화법, 인간관계 심리 등등.

덕분에 점점 '정상인'에 가까워졌습니다. 유쾌하고, 사교적인 사람처럼 보일 수 있게 됐죠. 지금은 더 이상 소외감을 느끼지 않아요. 어렸을 때에 비하면, 너무나도 인생이 편안해졌습니다. 하지만 그 과정은 말로 표현할 수 없을 만큼 괴로웠어요. 무려 20년 동안이나요.

그런데 이런, 한 아이가 제 성격을 쏙 빼닮았네요. 어느 어린이집, 유치원, 학교를 가도 적응이 너무 어려운 거예요. 단체 사진을 받아보면 항상 한쪽 구석 맨 아래에 앉아 있는 아이 있죠. 어떤 때는 선생님과 손을 붙들고요. 곧 울어도 이상하지 않을 얼굴로 말이에요.

유치원 사진첩에서 아이 표정을 볼 때마다 가슴이 미어졌어요. 아이가 앞으로 얼마나 오랜 시간 외로운 사투를 벌여야 할지, 누구보다 잘 알고 있으니까요.

저는 아이의 학창시절을 행복하게 만들어주고 싶었습니다. 제가 겪은 불행을 아이가 대물림하지 않길 바랐어요. 그래서 친구를 사귀는 데 어떻게든 도움을 주기로 결심했지요.

아이가 1학년 입학하는 3월 한 달간 일을 쉬었어요. 영업사원이 명함을 돌리듯 아이 엄마들에게 다가가 제 소개를 했습니다. "안녕하세요~ 윤호 엄마예요. 5반 서은 어머니 맞으시죠? 우리 친하게 지내요."

태어나서 누군가에게 먼저 친해지자고 말해본 적은 그때가 처음이었어요. 카톡 프로필에 있는 엄마와 아이 얼굴을 공부하듯 외웠지요. 이름을 기억해서 부르면 아무래도 호감이 더 갈 테니까요.

학교 행사로 간식을 가져갈 기회가 있으면 수북이 담아서 보냈습니다. 친구들 나눠주라고요. 전 어렸을 때 간식을 나눠주는 친구들이 너무 부러웠거든요. '그렇게라도 관심을 끌 수 있었으면' 하고 바랐어요.

하지만 아이는 매번 간식을 그대로 들고 돌아왔습니다.

"왜 도로 들고 왔어? 친구들 나눠주지."

"어… 그냥 부끄러워서."

아아… 제가 아이에게 부담을 주고 있었다는 걸 깨달았어요. 저도 모르게 '너는 친구 사귀는 능력이 모자라. 부족한 사람이야'라는 메시지를 전하고 있었던 거예요. 제가 어렸을 때 받았던 그 메시지를요.


저희 어머니는 정말 사교적인 분이에요. 그래서 저를 전혀 이해하지 못하셨죠. "고등학교 때까지 친구가 진짜 평생 친구인데, 너는 친구가 없어서 어쩌니"라고 종종 말하셨어요. 걱정해서 한 말이겠지만, 그 말을 들을 때마다 제가 '모자라고 이상한 사람'이라고 느껴졌습니다. 어쩌면 학교에서 소외되는 것보다 집에서 이해받지 못하는 게 더 외로웠을지도 몰라요.

저도 제가 부족한 사람이라는 걸 이미 충분히 알고 있었어요. 어머니 말대로, 커서 만날 동창이 없다는 게 꽤나 아쉬울 거라는 사실도요. 하지만 제가 그런 사람이 아닌 걸 어떡해요. 친구를 사귀지 못해 가장 속상한 건 저였다고요.

아이에게 직접적으로 말한 적은 없지만, '친구를 못 사귀는 부족한 아이'라고 여긴 건 마찬가지였죠. 방법이 교묘해졌을 뿐, 아이에게는 그 메시지가 전해졌을 테고요.

앞서 저는 지금 소외감 같은 거 모르고 산다고 했죠. 맞아요. 진심이에요. 그래서 정말 감사해요. 다 가족 덕분이에요.

"엄마, 나는 엄마가 세상에서 제일 좋아." 평생 저 이렇게 좋다고 매일같이 말해주는 사람 처음 봤어요. 아이는 제가 사회성이 떨어지는 사람이어도, 실수를 해도, 상관없이 그냥 좋대요.

제가 지금 쾌활하고 적극적인 사람으로 지낼 수 있는 것도 아마 가족 덕분이겠죠. '나는 사랑받는 사람이야. 그러니까 다른 사람도 나를 좋아하겠지. 뭐, 아니면 말고. 난 가족이 있으니까.' 이렇게 생각하거든요.

아이가 친구를 쉽게 사귀지 못한다면, 여러분이 친구가 되어주세요. 밖에서 소외된 그 마음 꼭 안아주세요. 시간이 지날수록 아이의 적응 속도는 더 빨라질 거예요. 그때까지 그냥 무조건 좋아해주세요.

# 36개월까지 엄마가
# 안 키워도 괜찮아요

애착 형성에 결정적인 시기가 36개월까지라는 말, 많이 들어보셨을 거예요. 맞는 말이에요. 아이가 처음 인간관계를 맺는 시기니까요. 이때 안정적인 양육자가 있으면 무탈하게 적응할 수 있을 테죠. 그래서 전문가들은 이 시기에 '양육자의 역할'이 중요하다고 계속 강조합니다.

그런데 말입니다. 아마도 전문가들은 '아이에게 따스하게 대해라. 귀찮다고 방치하지 마라' 등을 조언하며 양육자의 '역할'을 강조하고 싶었을 거예요. 그런데 이 메시지를 '양육자'에게 초점을 맞춰서 해석하는 일이 벌어집니다. '애착 형성에 완벽한 양육 환경이란 게 뭐겠어. 바로 엄마가 키우는 것 아니겠어?' 이런 결론에 도달하는 거죠.

뭐 틀린 말은 아닙니다. 엄마만큼 자기 자식을 사랑하는 사람이 어디 있겠어요. 엄마가 36개월까지 아이를 키울 수 있는 상황이면 고민할 것 없이 그냥 키우면 되죠. 하지만 이런저런 이유로 아이를 맡겨야 하는 엄마들은 어떡하나요?

아이가 36개월이 될 때까지, 사표 낼까 말까 고민하지 않은 워킹맘은 없을 거예요. 하루에도 백 번은 머릿속에 팝업창이 열립니다. 출근할 때 붙들고 늘어지면 '애착이 불안정해서인가', 어린이집에서 친구랑 잘 놀지 못하면 '애착이 불안정해서인가', 엄마가 좋다고 껌딱지처럼 붙어다니면 '애착이 불안정해서인가' 하고요.

저는 3개월 출산휴가 끝나고 바로 다시 일했어요. 아이 키운다는 이유로 쉴 수 없는 상황이었지요. '36개월'이라는 숫자가 머릿속에 떠오를 때마다 '괜찮다, 괜찮다'고 매일 다짐했지만, 마음 한편이 불편한 건 어쩔 수 없었어요. 왜 안 그랬겠어요. 게다가 정신과 의사인데.

저희는 양가부모님의 도움을 받을 수 없는 형편이라 육아도우미에게 아이를 맡겼습니다. 맡겨본 분들은 아시겠지만 그 스트레스가 말도 못 하죠. 나 없을 때 아이를 학대하는 건 아닌지 불안한 마음, 마음에 안 드는 부분이 있어도 '아이에게 화풀이할까 봐' 말 못하고 속태운 경험. 가장 대박은 이거죠. 적응했다 싶으면 육아도우미가 갑자기 그만둔다는 통보. 거의 1년에 한 분씩 바뀌었나 봐요. 이보다 더 불안정할 수 없는 양육 환경이었습니다.

도대체 어떻게 살아야 할지 갈피를 잡을 수가 없었어요. 그때 누군가 나타나서 "너 일 계속해도 된다" 아니면 "일 그만두고 지금은 아이 봐야 한다"고 알려주길 얼마나 바랐는지요.

'엄마가 낮 동안 아이 안 키우면 진짜 나중에 문제가 생길까? 아닐 수도 있지 않나? 과연 집으로 돌아가는 게 최선일까? 아이의 시간은 지나가면 끝인데 평생 후회하지 않을까? 내 인생에서 지금 중요한 것은 무엇일까?' 고민해도 답을 찾을 수 없었습니다. 아무런 선택도 하지 못했죠. 그렇게 머뭇거리다 아이가 다 커버렸네요.

덕분에 여러분께 말씀드릴 수 있게 되었군요. 자의 반 타의 반 버텨봤더니, 아이는 그럭저럭 잘 자랐다고요. 치명적인 정서 문제 없이요.

여러분 주변을 둘러봐도 그럴 거예요. 할머니가 키운 아이도, 육아도우미가 키운 아이도 애착에 특별한 문제없이 자랍니다. 어찌 보면 당연한 거죠. 제때제때 챙겨주는 게 중요하지, 누가 돌보느냐가 뭐 그리 문제겠어요. 시간 지나면 어렸을 때 누가 키워줬는지 기억도 못 하잖아요. 여러분은 36개월 이전 기억이 있나요?

정신과 의사 중에 36개월까지 직접 아이 키운 사람, 제가 아는 사람 중에 한 명도 없습니다. 1년 쉰 사람조차 못 봤어요. 다들 아이 낳고 2∼3개월 있다가 출근합니다. 정말 36개월까지 엄마가 키우는 게 정서적으로 결정적인 영향을 준다면, 모두 그만두지 않았을까요?

엄마가 직장에 다닐 경우 아이의 애착에 문제가 생기는지 조사한 연구들도 우리가 추측한 것과 같은 결론을 내렸습니다. 엄마가 출산 후 수개월 안에 복직해도 아이와의 관계에서 문제가 생기지 않는다는 결론 말입니다.

그러니까 너무 걱정하지 않으셔도 괜찮아요. 아니, 걱정하지 않으셔야 합니다. 한 연구 결과에 따르면 직장에 다니는 것 자체는 엄마와 아이 사이에 별 영향이 없는데, 엄마가 불안해하면 아이의 분리 불안이 심해진다고 합니다. 이왕 다니는 직장이라면, 맘 편히 다니세요.

이렇게 말씀드려도 36개월까지 아이를 직접 키우지 못해 걱정이 된다면, 한번 다르게 생각해보시길 바랍니다. 아이가 자라 부모가 되었을 때, 36개월까지 손주의 안정적인 양육자가 되어주겠다고요. (성인이 된) 내 아이의 정서 안정에 크나큰 힘이 되어줄 것입니다.

# 애착, 애착, 애착,
# 애착이 뭐길래

생후 3년간 아이는 어마어마한 속도로 자랍니다. 키와 몸무게는 말할 것도 없고, 누워서 팔다리만 겨우 움직이던 아이가 마구 뛰어다니지요. 말하는 걸 보면 어찌나 신기한지요.

엄청난 변화가 일어나는 시기다 보니 부모는 초긴장 상태로 아이의 일거수일투족을 체크합니다. 혹시 아이가 뒤처지는 건 아닐까, 문제가 있는 건 아닐까 걱정하는 마음으로요. 여기에 한 가지 더 있습니다. 바로 '애착이 잘 형성되고 있는가'입니다.

애착이란 단어 앞에서 부모는 한없이 불안해집니다. 성장과 발달은 그나마 눈에 보이기라도 하는데, 애착은 과연 무엇인지 파악하기 어렵기 때문이에요.

게다가 이 무렵 보이는 아이의 모든 행동을 애착으로 설명하려는 사람들이 너무나 많습니다. 아이가 조금만 예민하게 굴어도 "애착이 불안정한 것 같아요"라는 평가를 쉽게 들을 수 있죠. 어린이집에 적응 못 하면, 엄마만 찾으면, 출근길에 많이 울면, 부모와의 애착이 잘 형성되지 않은 아이로 간주해버립니다. 아이를 다른 사람에게 맡기고 출근하는 엄마는 여기서 무너집니다.

애착이란 과연 무엇이길래 이 모든 문제의 원인으로 지목되는 것일까요?

애착이란 심리학자 존 볼비John Bowlby가 제시한 개념으로, "생애 초기에 가까운 사람과 맺는 강하고 지속적인 감정적 연결"을 말합니다. 쉽게 말해 아이와 엄마 또는 주양육자 사이의 끈끈한 신뢰, 애정 같은 것이죠. 아이가 양육자를 안식처로 느끼는 겁니다.

애착은 시기에 따라 변하는데, 생후 6주~3개월 무렵부터 자주 보는 친밀한 사람을 더 선호하는 행동을 보이다가, 6개월 이후 본격적으로 한 사람과 집중적인 유대관계를 형성합니다. 엄마에게만 안기고, 낯선 사람이 나타나면 우는 모습이 이 시기에 나타나요.

그러다 10개월쯤부터 상당수의 아이가 엄마, 아빠, 조부모, 형제, 가까운 이웃 등 친밀한 사람들과 애착을 형성합니다. 18개월쯤에는 거의 대부분의 아이들이 이 단계에 도달해요. 그렇게 아이는 점점 세상으로 나아가게 되지요.

애착 형성은 인간의 자연스러운 발달과정 중 하나입니다. 키가 크고, 말을 하고, 뛰어다니게 되는 것처럼 모든 아이가 이 과정을 거쳐 사회생활을 시작합니다. 즉 보통의 환경이라면 애착이 형성되는 데에 아무런 문제가 없단 얘기예요.

애착이 잘 형성되도록 하려면 양육자가 아이의 요구를 예민하게, 적절히, 그때그때 파악해 반응해주기만 하면 됩니다. 이건 사실 양육자의 기본 덕목이겠지요. 아이의 요구에 반응하지 않는 것은 방치, 즉 학대니까요. 다시 말해 양육자가 애정을 갖고 아이를 대하면 애착에 관해서 걱정할 필요가 없다는 뜻입니다. 엄마가 출근하느냐, 누가 아이를 돌보느냐의 문제가 아니란 말이에요.

한편 볼비의 애착 이론은 제2차 세계대전으로 어머니를 잃거나 장기간 보살핌을 받지 못한 아이들에 대해 관찰한 결과를 토대로 시작되었어요. 한참 애착에 대한 연구가 발표되었던 시기는 1970년대인데, 현재와는 양육환경이 전혀 달랐겠지요. 따라서 지금처럼 한두 명의 아이를 정성스럽게 키우는 것이 당연한 때에 아이의 행동을 전부 이 이론으로 해석하는 것은 무리가 있을 겁니다.

낯선 환경에 놓였을 때 우리는 편안한가요? 새로운 학교나 직장에 처음 가는 날 집을 나서는 게 즐겁나요? 다 큰 어른이 차마 '초조하다, 가기 싫다' 말할 수 없어서 티를 안 낼 뿐이지, 만약 어린아이였다면 주저앉아 울고 싶었을 수도 있다고요.

아이 역시 선생님이 무섭고, 친구 사귀려니 스트레스 받고, 왠지 분위기가 정이 안 가고, 그래서 불쾌할 수 있잖아요. 이것을 애착 문제로 설명하는 게 과연 합리적일까요.

만약 애착이 만병의 근원이라는 게 사실이라면, 평생에 걸쳐 애착 문제로 괴로워하는 사람들이 상당할 것입니다. 하지만 실제 아이가 대여섯 살만 되면 거의 모든 부모가 애착에 대한 걱정을 하지 않습니다. 아이가 자기를 얼마나 믿고 따르는지 누구보다 잘 알고 있기 때문입니다.

그러니까 아이가 건강하고 내가 아이를 사랑하기만 한다면, 애착에 대한 걱정은 오늘부터 내려놓으셔도 되겠습니다. 잘 다니는 직장 그만두지 마세요.

불안ZERO 자신감UP 수용UP

자존감ZERO 스트레스ZERO

**2장**

# 제로 육아로
# 교육을 바꾸다

행복지수UP 화ZERO

평가ZERO 눈치ZERO

# 아이에게 말 많이
# 안 걸어도 괜찮아요

"건강하기만 해라."

아이가 태어나면 우리는 이렇게 말합니다. 그러나 몇 달 지나지 않아 욕심이 생기지요. 건강하기를 넘어서 똑똑하기를 바랍니다.

첫 번째 단계로 '말하기'에 집착하게 됩니다. 말 잘하면 왠지 영리할 것 같잖아요. '엄마, 아빠' 언제 하는지 애가 타요. 옆집 애가 말 먼저 트였다, 그럼 난리 나는 거예요. 체구는 작은데 재잘재잘 말하는 애 보면서 "몇 개월이에요?" 안 물어볼 수가 없어요.

저도 얼마나 신경을 썼는지, 첫 애 돌 무렵에 아이가 말을 술술 하는 꿈까지 꿨다니까요. 잠에서 깨고 난 뒤 얼마나 실망했는지 몰라요. 그게 꿈이라니.

당시 어떤 책을 봤는데, 아이들의 잠재력은 무한해서 글자를 가르치면 두 돌도 되기 전에 책을 읽을 수 있다고 하더군요. 빨리 글자를 깨우친 만큼, 습득하는 지식의 양도 압도적으로 많을 거라고 했어요. 저 그거 보고 아이한테 글자 가르치고 싶어서 안달이 났잖아요.

다른 책에서는 똑똑한 아이로 키우려면 하루 2만 단어를 얘기해주라고 하더군요. 2만 단어라고 해봤자, 2시간 반 동안 쉼 없이 얘기하면 되는 수준이랬어요.

지금 생각해보니 실현 불가능한 얘긴데, 그때는 그게 그렇게 솔깃할 수가 없었어요. 왜 안 그렇겠어요. 아이가 똑똑해진다는데. 그래서 최선을 다해 말을 걸었죠. 눈에 띄는 사물의 이름을 읊고 질문을 던졌어요.

"윤아야, 이거 봐봐. 이건 숟가락이야. 얘는 뭐라고 부르는지 알아? 접시야. 무슨 색이게? 흰색. 자, 흰색 따라 해봐."

당연히 부작용이 따랐어요. 말 거는 데 집착하다 보니 온종일 너무 피곤한 거예요. 또 어떤 날은 아무 말도 하기 싫을 때가 있잖아요. 그럴 때면 여지없이 죄책감에 시달렸죠. '어머, 나 1시간 동안 말을 안 걸었어! 그렇잖아도 워킹맘이라 말 걸어주는 시간이 부족한데, 어떡해!'

막상 아이가 말문이 터지니, 그동안 왜 그리 초조했나 싶더군요. 온종일 저만 졸졸 쫓아다니며 말 걸고 질문하는데, 오 마이 갓. "그만 그만, 엄마 좀 그만 불러. 우리 5분만 침묵의 시간을 갖자"라는 말이 목구멍까지 올라왔어요.

'애도 지난 시간 꽤 피곤했겠구나' 하고 깨달았습니다. 임신했을 때 태교한답시고 태어나지도 않은 아이를 위해 책을 중얼중얼 읽었거든요. 아마 아이는 뱃속에서 계속 자고 있었을 텐데 말이죠. 수유할 때도 중얼중얼, 놀 때도 이거 뭐게, 저게 뭐게. 쉬고 먹고 노는데 옆에서 쉬지 않고 말 걸었으니 얼마나 짜증났겠어요.

얼마 전, 실제로 수다쟁이 부모를 피해 도망 다니는 세 살짜리 여자아이도 봤어요. "와우, 우리 딸 그림 잘 그리네. 뭘 그리고 있었어? 유니콘. 와우. 이건 무슨 색이야? 보라색. 오, 맞아." 엄청 자상한 아버지가 옆에서 종알종알 코멘트를 하는데, 딸은

한 마디도 안 하더라고요. 아이는 자기 아빠가 세 마디 하면 조용히 일어나서 다른 장난감으로 이동했어요. 그 장면 보다가 저도 모르게 웃었잖아요.

언어능력은 중요하죠. 어린 시절에 형성되는 것도 사실이에요. 하지만 이 능력이 어렸을 때 '완성'되는 것은 아닙니다. 특히 최종 결과를 좌우하는 어휘력은 성인이 될 때까지 계속 늘어나요. 오히려 아이가 좀 커야 폭발적으로 증가합니다.

어린아이가 사용하는 어휘는 일상생활에서 쓰는 정도인데, 그 양에 한계가 있어요. 또 나이가 어리면 이해의 폭이 적어 받아들일 수 있는 단어가 제한적이예요. 이를테면 '물질'이라는 쉬운 단어조차 네 살짜리에게 설명하기는 불가능해요. 더 쉬운 단어를 가져와볼까요? '우주'를 네 살짜리에게 설명하면 과연 제대로 이해할까요?

부모와 어느 정도 수준 높은 대화가 가능할 때, 비로소 어휘의 폭이 넓어집니다. 한데 부모가 계속 말 거는 바람에 아이가 지쳐서 도망 다니면 어떻게 되겠어요? 부모와 대화하는 것 자체를 꺼리면요? 정작 부모 역할이 필요한 시기에 도와줄 수 없겠지요.

무리해서 노력하실 필요 없어요. 친한 친구에게 말 걸듯이 하면 됩니다. 하루 2만 단어를 말해줘야 된다? 그렇게 키울 분은 그러라고 하세요. 아이 키우는 게 얼마나 손이 많이 가는 일인데 단어 수까지 신경 쓰면서 살아야 하나요.

내 조바심을 아이에게 쏟아내지 마세요. 아무도 듣지 않는 라디오가 되지 마세요. '적당히 친절하게'가 인간관계의 기본입니다.

# 영어 CD 안 틀어줘도
# 괜찮아요

여러분들 영어 잘하시나요? 혹시 영어에 한 맺힌 분들 계신가요? 저요. 영어에 한 맺힌 1인 여기 있어요.

저는 원래 제 잘난 맛에 사는데 '영어' 앞에선 한없이 작아져요. 길에서 외국인이랑 눈 마주치면 오른쪽 골목길로 꺾고 싶어요. 해외여행 가서 호텔 체크인할 때 남편이 그렇게 소중할 수가 없어요. "여보, 빨리 와. '당신' 차례 곧 된단 말이야." ('우리' 차례 아님)

사실 영어 못 한다고 크게 불편한 건 아니에요. 해외여행 얼마나 자주 간다고요. 평소에 외국인이랑 대화할 일도 거의 없죠. 근데 한이 맺힌 이유는 직업 때문이에요. 영어를 못 해서 눈앞의 기회를 놓쳤던 적이 몇 번 있었거든요.

지인 중에 영어를 잘해서 젊은 나이에 크게 성공한 사람이 있어요. 금융권에서 일하는데, 이 바닥에서 쓰는 전문용어를 제대로 동시 통역할 사람이 없는 거예요. 그래서 회사에 외국 손님 오면 항상 나가고, 그래서 실력이 더 늘어, 지금은 유명한 외국계 회사에서 아주 높은 자리에 있답니다.

물론 영어만 잘해서 그렇게 된 건 아니겠죠. 그분이 워낙 똑똑해서 거기까지 올라갔을 겁니다. 하지만 영어를 못 했다면 아예 두각을 나타낼 기회조차 없었을 거 아녜요. 그래서 '다른 건 몰라도 내 아이는 영어를 꼭 잘하게 만들어야겠다'고 마음먹었습니다.

아이가 뱃속에 있을 때부터 이 결심을 실천했어요. 영어로 된 전공서적을 소리 내어 읽었지요. 영어의 리듬과 억양에 익숙해지라고요. 푸하하하. 지금 쓰려니 왠지 부끄럽네요.

아이가 어렸을 땐 배경음악으로 영어 CD를 틀어줬어요. '혹시 한글과 영어 사이에서 혼란스러워하면 어쩌지?'라는 세상 쓸데없는 걱정을 하면서요. (우리말과 혼란이 올 정도로 영어 배우는 방법이 있다면 제게 좀 알려주세요!)

그런데 이 CD 틀기가 생각보다 일인 겁니다. CD 하나당 3~40분 하거든요. 영어를 익숙하게 만든다는 목적이면 하루에 몇 시간은 틀어야 좀 효과가 있을 것 아니에요. 그럼 최소 일고 여덟 번은 바꿔줘야 하는 셈이었죠.

당연히 잘 해내지 못했습니다. 하루 한 번 틀기도 쉽지 않았어요. 그런데 'CD를 돌리는 행위' 자체는 또 너무 쉽잖아요. 'CD를 넣는다, 플레이 버튼을 누른다. 끝.' 이 단순한 것 하나 딱딱 못하는 제가 너무 한심한 거예요. 어느 순간 집 안에 침묵이 흐르면 '어머, 우리 애들은 게으른 엄마 덕분에 영어 잘하기는 글렀구나'라고 자책하며 스스로 제 점수를 깎았어요.

점점 CD만 보면 가슴이 답답해졌죠. 더 틀기 싫어지더라고요. '틀어야 하는데…'라는 생각만으로 스트레스를 받고 기운이 빠지는 악순환이 계속됐습니다.

몇 년이 지난 어느 날, 먼지 쌓인 CD들을 노려보다가 싹 쓰레기통에 넣어버렸어요. 어찌나 홀가분하던지요. 왜 그랬냐고요?

그때 제가 '또' 영어 공부를 한답시고 1년짜리 동영상 강의를 신청했거든요. 그랬더니 집에 영어 책이 사과박스로 배송 왔어요. 사은품이래요. 그걸 보니까 지난 20년간 영어 책과 CD 속에서 삽질했던 추억이 떠오르더군요. '다 소용없었지. 너도 소용없겠지.' 편안한 마음으로 버릴 수 있었습니다.

우리가 온종일 CNN 방송을 듣는다고 영어 잘하겠어요? 그러면 진즉 잘했겠죠. 이런 걸로 성공하려면, 기사 내용 출력해서 외우듯이 공부해야 해요. 매일매일 같은 내용을 4~5번씩 반복해서 들은 사람은 조금 실력이 는다고 하더군요.

저 어렸을 때 어머니가 팝송 엄청 많이 틀었거든요. 에어로빅 한참 배우셔서요. 저도 같이 흥얼흥얼거렸죠. 그런데 지금 보세요. 영어 못 하잖아요. 듣기 능력 향상에 그래도 좀 도움되지 않았냐고요? 글쎄요… 토익 듣기평가 보다가 '내가 다시는 영어 시험 보나 봐라' 이를 갈았는걸요.

영어를 많이 듣는 환경에 노출시켜서 저절로 영어가 느는 것은, 영어를 쓰는 나라 사람들 얘기죠. 우리나라에서 그렇게 되기는 현실적으로 어려워요. 대한민국에서 태어난 이상, 영어 잘하려면 아이가 평생 각 잡고 열심히 노력해야 합니다.

네, 평생이요. 계속해서 공부해야 영어 실력이 유지되거든요. 미국에서 몇 년 살다가 온 아이도 한국 들어오면 곧 다 까먹습니다. 영어를 한때 아무리 잘했어도 조금만 쉬면 바로 잊어버리기 시작합니다. 원래 언어가 그래요.

심지어 모국어도 안 쓰면 잊어버립니다. 안 쓰기 시작한 나이가 어릴수록 그 정도가 심합니다. 성인이 유학 간다고 한국어 실력이 줄지야 않겠지만, 초등학생이 이민 가면 드라마틱하게 우리말을 못 하게 됩니다. 12세 이전에 해외로 입양된 아이들을 대상으로 관찰한 연구 결과를 보면, 대부분 모국어 사용 능력을 잃어버린다고 합니다.

모국어도 이럴진대 억지로 밀어넣은 영어가 얼마나 가겠습니까. 중·고등학교 6년 동안 영어 공부 열심히 안 하면 그 전에 공부했던 영어 말하기·듣기 다 무용지물 되는 겁니다.

그러니까 이제 영어 CD 강박으로 스트레스 받지 마세요. 틀어주든 안 틀어주든 어차피 대세에 영향 끼치지 않아요. 편안하게 듣고 싶은 노래 들으며 사세요.

# 오감 발달 안 시켜줘도
# 괜찮아요

"우리 아이 인지 기능, 오감 발달에 도움을 주는 ○○!" 아이들 TV 채널에서 참 많이 나오는 광고예요. 색색 가지 교구가 움직이고, 인형이 말을 하고, 비누거품이 만져보라고 유혹해요. 애들은 난리 나죠. "엄마, 이거 신기해! 빨리 사줘! 나도 갖고 싶어! 나도 가보고 싶어!"

오감 발달 체험 전시회, 소리 나는 동화책, 움직이고 짖어대는 플라스틱 강아지에 지갑이 술술 열려요. 아이 키우는 데 돈이 은근히 많이 들지요.

여기서 잠깐. 구매하기 전에 생각 좀 하고 갈게요. 이거 진짜 광고처럼 효과가 있는 걸까요?

먼저 '오감 발달'의 의미부터 살펴볼게요. 오감이 뭐예요? 시각, 청각, 촉각, 후각, 미각이잖아요. 단지 감각이란 말이에요. 생존하는 데 유리하라고 원래 존재하는 감각기관을 '더' 발달시킨다? 더 잘 보이고, 더 잘 듣고, 더 맛을 잘 느끼게 한다는 건가요? 그럼 이런 교구나 장난감을 체험하지 못한 아이는 오감이 덜 발달하는 걸까요? 시력과 청력이 떨어지고 냄새를 못 맡나요?

무식한 소리 그만하라고요? 크크크. 그래요. 뭔 말인지 알겠어요. 저도 진짜 이런 의미라 생각한 건 아니에요. 다양한 감각 자극을 줘서 아이의 뇌 발달을 돕는다는 거죠? 좋아요.

하지만 말이에요. 우리 아이들은 온종일 뭔가를 보고, 듣고, 만지고, 음식 냄새를 맡고, 먹잖아요. 더 많은 자극이 필요한가요? 만약 그렇다면 도로에 나가면 됩니다. 온갖 상점, 간판, 자동차 엔진 소리, 경적 소리, 거리의 냄새. 자극이라면 정신없을 정도로 쏟아지는걸요.

이토록 시니컬하게 말하는 이유는요, 저도 이 방면에 돈 좀 썼거든요. 아이가 태어나자마자 시작했지요. 흑백으로 된 단순한 그림책 '초점책'을 샀어요. 아이의 시력 발달, 인지 기능 발달에 도움이 되라고요.

으하하하. 흑백 그림 본다고 머리가 좋아질 리가요. 시력도 마찬가지고요. 애들 시력 다 비슷하잖아요. 사실 시력은 초점책이고 뭐고 가까이 있는 걸 안 볼수록 좋죠. 몽골인들 시력 좋다는 얘기 들어보셨을 거예요. 에스키모인들도 마찬가지고요. 그들이 사는 곳은 광활한 자연 아닌가요. 눈에 띄는 게 거의 없는 동네요.

이런 교구나 체험활동이 아이들의 인지 기능 발달에 도움이 된다는 객관적 증거 역시 없을 거예요. 그럴 수밖에요. 그런 연구를 한 적이 없을 테니까요.

아이들 데리고 연구하는 건 굉장히 어려워요. 만약 'A 놀이가 지능 발달에 도움이 된다'라는 연구를 수행한다고 가정해볼게요. 그러려면 A 놀이를 시행한 군, A 놀이를 평생 안 해본 군, 두 군에서 실험할 아이가 최소 수십 명 필요합니다. 그리고 A 놀이를 하루 1시간 시키는 군, 2시간 시키는 군으로 또 나눠서 연구해야 해요. 그런데 우리 아이들이 이렇게 딱딱 누구 말을 듣나요? 불가능하죠. 또 그 결과를 평가할 지능 검사는 어떻고요. 기본 2시간 걸립니다. 이걸 어린아이들이 꾹 참고 해낸다고요?

결국 이 모든 것은 가설일 뿐이에요. "아무것도 안 하는 것보다 낫지 않을까? 최소 해는 안 되겠지." 이렇게 믿는 거죠.

그러니까 '인지 기능 발달! 오감 발달에 도움이 되는!' 이런 말에 현혹되지 마세요. '아이가 재미있어 하니까 사준다' 딱 그런 느낌으로 대하시면 됩니다.

한편 저는 개인적으로 이렇게 오감을 발달시켜준다는 것들이 좀 피로하더라고요. 시각을 자극하려 빨강, 파랑 총천연색에 심지어 빛까지 나오는데, 집이 더 어수선한 느낌이랄까요. 가뜩이나 아이들은 온종일 바닥에 뭔가를 버리고 다니는데요.

또 이런 장난감들은 대부분 큰 소리가 나죠. 청각을 자극하려니 어쩔 수 없을 텐데, 아이 목소리, 울음 소리, 개 소리, 닭 소리, 자동차 소리, 악기 소리, 캐릭터 노랫소리… 종일 울려 퍼지는 소리들에 미칠 것 같더라고요. 결국 틈날 때마다 가장 시끄러운 장난감을 아이 몰래 숨기거나 버렸지요. 제가 폭발할까 봐요.

아이라고 달랐을까요? 혹시 아이도 과도한 자극에 피로하진 않았을까요?

앞서 "오감을 자극해주면 아무것도 안 하는 것보다 낫지 않을까? 최소 해는 안 끼치겠지?"라고 다들 믿는다 말씀드렸는데, 사실 감각 과잉은 해를 끼칩니다. 여러 자극에 압도되어서 집중을 못 하고 불안해지고 예민해지죠. 이런 상황에서 인지 기능 향상을 기대할 수 있을까요.

요즘에 자극이 부족해서 오감이 발달하지 않는 아이는 없을 거예요. 오히려 감각을 쉬게 해줘야지 싶어요. 집 밖에 나가면 우리도 정신없는데 아이는 오죽하겠어요.

진짜 오감을 발달시켜주고 싶다면 바람 소리, 새 소리, 벌레 소리, 풀 냄새, 비 냄새, 꽃 향기를 느끼게 해주세요. 시간 제한 없이 마음껏 흙장난을 하고, 바위를 쓰다듬게 해주세요. 움직이는 나비를 따라 원 없이 뛰어다니고 소리치게 해주세요.

동네 공원, 뒷산, 냇가를 오감 발달 놀이터로 추천합니다.

## 학원 안 보내도 괜찮아요

첫 애가 초등학교 입학한 지 며칠 안 됐을 때 얘기예요. 한 엄마가 자기 아이 학원 스케줄을 얘기하는데, 국어 학원이 밤 9시에 끝난다는 거예요. 어이쿠, 저희 때는 밤 9시 뉴스 시작 전에 '어린이 여러분, 꿈나라로 가세요~' 이런 방송 나오지 않았나요?

1년 후, 이번에는 둘째 유치원에서 알게 된 엄마가 "혜원이는 과학 학원 보내실 거예요? 다른 아이들은 저기 길 건너 사거리에 있는 학원에 많이 다닌다던데." 이러는 거예요. 어머나, 요즘엔 유치원생도 과학 학원을 다니나 봐요. 일곱 살짜리 애들을 놓고 대체 뭘 하는 걸까요?

그러고 보니 저희 아파트 주변 온 건물이 아이들 학원으로 도배되어 있더라고요. '사고력 ○○, 창의력 ○○, 생각하는 ○○.' 이름도 참 예쁘죠. 전통적인 중·고등학생 학원이 '수학, 과학…' 덜렁 과목만 써놓은 것과 대조적으로요.

어린이 학원은 왜 창의력, 사고력이라는 말을 강조할까요? 아마 학원의 존재 목적인 '지식의 빠른 주입'이 어린아이에게는 불가능하기 때문일 테죠.

무슨 얘기냐면, 어린아이들은 이해력에 한계가 있잖아요. 기본적으로 아는 게 거의 없으니까요. 예를 들어 건물을 지어야 하는데 벽돌이 거의 없는 거죠. 이 상태라면 학원을 보내나 안 보내나 아이의 지식이 확확 안 늘거든요. 그럼 누가 학원을 보내겠어요? 그래서 '우리는 건물을 지어드리지 않습니다. 건물 짓는 방법을 알려드립니다.' 이렇게 학부모들을 꼬시는 거예요.

근데 말입니다. 건물 짓는 방법, 즉 창의력은 그냥 길러지는 게 아니에요. 기본적으로 아는 게 많아야 창의력이 폭발해요. 지식과 지식이 연결되어서 새로운 결론에 도달하는 거죠. 다시 건물 얘기로 돌아가면, 벽돌이 많을수록 다양한 건물을 만들 수 있잖아요. 벽돌 없이 허공에서 쌓는 방법 아무리 생각해봤자 별로 안 떠올라요. 기껏해야 벽돌 10개 가지고 뭘 상상할 수 있겠어요.

또 창의력이라는 것이 책상 앞에 앉아 있다고 늘지도 않습니다. 게다가 학원 다니느라 밤 늦게 잔다? 피곤하면 창의력이고 뭐고 안 생깁니다. 실제로 우리나라 학생들은 초등학교에 다닐 때부터 수면 부족에 시달립니다. 2016년 국내에서 발표된 조사 결과에 따르면, 수면시간은 초등학생이 하루 평균 8시간 19분으로 권장 수면시간인 9~12시간을 채우지 못한다고 하네요. 이렇게 수면이 부족하면 낮에 졸리고, 집중력이 떨어져서 오히려 학업성취도가 내려갑니다.

한편 학원을 보내는 목적은 솔직히 말해 대학교 잘 가라는 거 아녜요. 그럼 고등학교 때 공부 잘하면 되는 거네요? 그럼 어렸을 때 학원 보내는 건 가성비 꽝이에요. 쉽게 가르쳐야 하니까 진도가 진짜 느리거든요. 초등학교 3학년이 1주일이면 배울 걸, 초등학교 1학년은 두 달 걸려요.

학교 수업을 못 따라가는 아이가 생기는 건 중학교 때부터예요. 그럼 그때 보내면 됩니다. 그 나이는 머리가 제일 좋은 시기지요. 체력도 넘치고요. 짧은 시간에 많은 걸 배울 수 있어요.

'그 전에 공부 안 했는데 어떻게 따라가지?' 이런 생각 드는 분도 계실 거예요. 근데요, 사실 중·고등학교 때 공부할 양 자체는 그리 많지 않습니다. "문제아로 중학교 내내 공부는 손 놓고 있었는데, 1~2년 바싹 공부했더니 전교 1등까지 올라갔다." 이런 얘기 들어보셨을 거예요. "그 집 아들 어디 이름 모르는 대학교 들어갔거든. 그런데 군대에서 정신차리고 SKY 들어갔잖아." 이런 얘기도요. 재수 학원도 1년이면 공부 끝내잖아요. 하물며 중학교 때부터 시작한다면 앞으로 6년인걸요. 결코 늦지 않습니다.

무엇보다, 지금은 책상에 앉아 있을 때가 아닙니다. 앞서 말씀드렸듯이 공부 승부는 결국 18, 19세 이후에 보는 거잖아요. 그 전에 지치면 길러진 학습 습관이고 뭐고 아무 소용없지요. 어린 나이에는 마음껏 뛰어놀면서 체력을 길러놓는 게 가장 좋습니다.

요즘에는 초등학생 비만율이 25퍼센트에 육박합니다. 얼마나 운동을 안 하고 자리에 앉아서 공부만 하면 그렇겠어요. 그런데 지금 책상 앞에 몇 시간씩 앉아 있는 친구가 결국 공부를 더 잘하게 될까요?

글쎄요. 더 높은 학년에 올라갈수록 결국 성적은 체력이 좌우하는 때가 오거든요. 공부할 양이 많아지니까요. 따라서 이 시기에 버티기 위해서는 체력을 길러놓는 것이 필수입니다. 지금 학원에 앉아 있느라 운동 안 하면 나중에 결국 공부 못 하게 돼요.

요즘 아이들 가장 불쌍한 게 어린 나이부터 학원 셔틀 타는 거죠. 혹시 아이가 뒤처질까 봐 보내신다면 그러실 필요 없어요. 지금 보내나 안 보내나 크게 차이 없습니다. 부모의 퇴근이 늦어서, 아이가 학원 다니는 게 재밌다니까, 이런 이유 아니면 학원 안 다녀도 괜찮아요.

# 책 많이 안 읽혀도 괜찮아요

"책은 지식의 보고다." 어렸을 때 많이 들었던 말인데, 요즘은 거의 못 들은 것 같아요. 너무 당연해서 그렇겠죠?

맞아요. 책은 정말 보물창고예요. 저는 요즘 특히 더 그렇게 느껴요. 마음이 힘들 때나 궁금한 게 있을 때, 심지어 심심할 때조차 책을 찾게 돼요. 세상 이렇게 도움되는 것이 없어요.

이 좋은 책을 나만 읽을 순 없죠. 아이도 함께 즐겼으면 좋겠다는 바람이 생깁니다. 여러분도 아마 그러실 거예요. 이제 우리는 아이의 독서 습관을 들이기 위한 노력을 시작하지요. 책 읽어주기에 돌입합니다.

근데 말이죠. 이렇게 적극적으로 책을 읽어주기 전에, 먼저 그 목적부터 짚고 넘어가볼게요. 아이에게 책 읽는 습관을 들여서 무엇을 얻고 싶은지요. 아이를 '당장' 똑똑해지게 하려고 그럴까요? 아니겠죠. 동화책 수백 권 읽는다고 얼마나 더 지혜로운 사람이 되겠어요.

그래요. 지금 책을 읽어주는 이유는, 아이가 어른이 되었을 때 책 많이 읽는 사람이 되라는 거죠. 평생 책을 통해 지식을 넓히고 깨달음을 얻으며 성장한다면, 그 목적은 달성되는 겁니다. 맞나요?

좋습니다. 그런데 이 목적을 달성하는 과정에 엄마의 노력은 필요치 않습니다. 아이가 책 읽기를 재밌게 느끼기만 하면 되거든요. 지금은 흥미만 있다면 책을 읽을 기회는 수없이 많은 세상이니까요. 엄마의 관심과 에너지는 오히려 줄이는 게 나을지도 몰라요. 과도한 간섭은 책에 대한 흥미를 잃게 할 수 있거든요.


저는 개인적으로 책 중독자에 가까울 만큼 책을 좋아해요. 하지만 그렇게 된 사연에 부모님이 특별히 노력하셨다거나 한 기억은 없어요. 물론 제가 혼자서 서점이나 도서관에 갈 나이가 될 때까지 부모님께서 책을 사주시긴 했죠. 하지만 '책을 많이 읽어줬다', '항상 책을 가까이하는 모범을 보였다' 이런 열성적인 부모님은 아니었어요. 전 오히려 부모님이 저의 독서 생활에 별 관심 없었기 때문에 책을 편하게 읽을 수 있지 않았나 싶어요.

진짜요? 부모가 신경 안 써도 책을 읽는다고요? 네, 맞아요. 그래도 됩니다. 한번 제 경험을 공개해볼까요? 우리 아이 책 많이 읽게 하는 가장 쉬운 방법을 알려드릴게요.

딱 세 가지를 안 하시면 됩니다.

우선 책 읽는 시간을 시간표에 정해두지 마세요. 읽어야 할 책을 골라두시지도 말고요. 자기가 좋아하는 책을 맘대로 읽게 내버려두시면 됩니다. 아이가 최근 부쩍 궁금해하는 주제에 관한 책을 사주시면, 읽지 말라고 해도 허겁지겁 읽어요. 그게 바로 책의 짜릿한 즐거움이죠.

두 번째, 책 읽고 나면 아이에게 아무것도 묻지 마세요. 줄거리, 느낀 점, 이런 거 알려고 하지 마세요. 저는 개인적으로 세상에서 제일 싫어하는 게 독후감이에요. 깨달음이 백 번쯤 온 책도 "어, 이 책 좋더라. 강추." 이 정도밖에 말 못하거든요. 말하면서도 스스로 뚱멍청이 같아 자괴감이 들어요. 만약 누가 책 읽고 소감 말하라고 하면, 그것 때문에 스트레스 받아서 책 읽기 싫어질 것 같아요. 그러니까 그런 거 시키지 마세요.

마지막으로, 중학교 가서 아이가 책 읽을 때 '책 그만 읽고 공부해라' 이러지만 않으시면 됩니다. 책은 그 무렵부터 비로소 머리에, 가슴에 들어오거든요. 인간관계에서 갈등을 경험하고, 앞으로 어떤 삶을 살아야 하는지 고민하고, 감수성이 한참 풍부할 때잖아요. 이때 책의 즐거움에 빠진다면 어른이 되어서도 책을 사랑할 수 있겠지요.

어떠신가요? 책 많이 읽는 아이로 키우기, 참 쉽죠?

내버려두세요. 그러면 아이는 저절로 책을 통해 큰 사람이 될거예요. 믿으세요. 믿는 자에게 복이 있습니다.

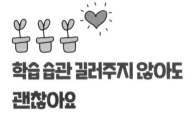

# 학습 습관 길러주지 않아도 괜찮아요

"세 살 버릇 여든까지 간다"는 말은, 살면서 백 번은 들은 것 같아요. 여기서 파생되는 다른 격언들도 많죠. 그중 가장 인기 있는 문장이 "어렸을 적 학습 습관이 평생 간다"일 거예요.

덕분에 수많은 학부모들이 공부하는 습관을 들이기 위해 고군분투합니다. 아이가 하루 15분이라도 책상에 앉아 있길 바라면서 실랑이를 하죠. 매일 학습지 1장은 풀어야 된다며 밤 11시까지 유치원생을 깨워두기도 한다더군요.

꼭 틀린 말은 아닙니다. 책상에 앉아야 공부고 뭐고 시작할 테니까요. 앉아 있기만 해도 뭔가 퍼보긴 하겠죠. 하지만 아이들 한자리에 앉혀두기 어디 쉽나요.

"엄마, 물 좀 마시고.", "엄마, 화장실 좀 다녀올게.", "엄마, 머리 아파.", "엄마, 오늘만 놀면 안 돼?", "아이, 진짜 앉아 있기 싫단 말이야.", "내일 두 배로 할게. 제발요." 온갖 핑계와 애원이 난무해요.

좀 더 크면요, "엄마, 근데 왜 내가 공부를 해야 돼?" 이런 철학적인 질문을 던집니다. 우리는 훅 들어오는 기습공격에 당황하게 되죠. 정신을 집중해서 머리를 짜낸 후 "음, 훌륭한 사람 되라고"라며, 제가 봐도 설득력 제로인 답변을 겨우 내놓습니다.

"나 훌륭한 사람 안 돼도 상관없어. 이거 안 할래."

이런 젠장. 야망 없는 자는 설득이 아예 불가능하네요.


아이들은 공부 잘하는 게 뭔지 잘 몰라요. '유치원 짝꿍이 나보다 말 잘하는구나. 쟤는 벌써 100까지 셀 수 있구나' 이런 건 파악하지만, '공부를 잘해야 앞으로 진로 선택에 유리하고 세상에 잘 적응할 수 있어' 이런 생각은 못 한단 말이죠. 또 똘똘한 친구를 딱히 부러워하지도 않아요. 이 나이 때는 잘생기고, 사교적이고, 운동 잘하는 친구가 최고니까요.

한마디로 공부 습관을 왜 들여야 하는지 어린아이들은 납득을 못 합니다. 엄마가 앉아 있으라고 하니까 따르는 거예요. 애초에 이 문제지를 왜 풀어야 하는지, 왜 책을 읽어야 하는지 몰라요. 초등학교에 가도 마찬가지예요. 왜냐? 학교 수업이 어렵지 않으니까요. 집에서 굳이 따로 공부할 이유가 없는 거죠.

하려는 동기가 없는 사람과 시키려는 의욕이 가득한 사람이 만나면 그 결과는 안 봐도 뻔하죠. 파국으로 끝납니다. 아이 공부시키다가 부모 자녀 사이 연 끊어지는 거예요. 그럼 진짜 앞으로 더 어려워져요. 보기 싫은 부모 말을 들을까요? 완전 엇나갈 수도 있어요.

실제로 부모와 사이가 좋지 않은 젊은 친구들을 보면, 부모가 진짜 이상한 사람인 경우는 생각보다 드물어요. 오히려 자식 잘 되라고 너무 과도한 애정과 관심을 쏟았다는 분들이 훨씬 많습니다. 하지만 자식 입장에서는 "우리 부모는 항상 나를 강압적으로 대했다. 억지로 공부시켜서 미치는 줄 알았다"라고 호소하는 거죠.


초등학교 때 날고 긴다던 아이들 중에 중·고등학교 올라가면서 소식을 알 수 없게 된 경우가 많아요. 이 친구들 대부분이 부모가 끌어주는 타입이지요. 운 좋게 대학입시까지는 잘 패스해도 서른 되기 전에 다 나가떨어집니다. 제 동기 중에도 서울과학고, 서울의대 졸업했는데 인턴 과정도 못 밟고 중도 포기한 사람이 있어요.

그리고 공부방법도 각자 스타일이 있어요. 저는 사실 평생 벼락치기로 공부했거든요. 그게 저에게는 제일 효율적이어서요. 고등학교 시절에 제일 미칠 것 같았던 게 야간 자율학습이었어요. 이름은 자율학습인데, 꼼짝없이 매일 밤 11시까지 의자에 앉아 있어야 했거든요. 평생 그렇게 공부가 안 됐던 적이 없었지요. 성적은 끝도 없이 떨어졌고요. 수학 경시대회 수상 경력으로 과학고에 입학했는데, 2학년쯤 되니까 수학 교과서도 안 풀릴 지경이었습니다.

그런데 그때 저랑 비슷한 친구들 꽤 많았어요. 도서관에 앉아 있긴 해도 자거나 집중 못 하거나 그런 애들 있죠. 대학생 시절도 마찬가지였고요. 대략 1/3은 꾸준히 공부하고, 2/3는 시험기간 빼고 도서관에 잘 안 나타났어요. 남자들만 떼어놓고 보면 뭐 말할 것도 없죠. 평소에는 대부분 게임하고 있었으니까요. 그래도 신기하게 성적을 잘 받더라고요. 그들보고 '평소에 꾸준히 공부해라' 하면 성적이 더 올라갔을까요? 글쎄요.

공부는 습관 들인다고 저절로 되는 게 아닙니다. 공부가 얼마나 힘든데요. 진짜 있는 에너지 없는 에너지 다 짜내야 돼요. 저도 공부가 세상에서 제일 싫었어요.

공부를 하게끔 만드는 원동력은 누가 뭐래도 목표와 동기예요. 이건 아이가 스스로 품는 거라 어차피 남이 도와줄 수 있는 게 아니지요. 그리고 우리가 관리하지 않아도 아이는 곧 목표와 동기를 찾을 겁니다. 학교와 사회가 알아서 책상에 앉혀줄 테죠.

아이가 성장해서 어른이 되면, 수십 년간 매일 책상에 앉아 있어야 할 거예요. 굳이 그 시작을 앞당기려 하지 마세요. 품에 있을 때라도 편히 살게 해줘요, 우리.

# 적성 찾아주지 못해도 괜찮아요

제가 어렸을 때만 해도 딱히 요즘처럼 '하고 싶은 일을 해야 한다' 이런 개념이 뚜렷하지 않았던 것 같아요. 80년대에서 90년대 무렵에는요. 기껏해야 '더운 날 시원하게, 추운 날 따뜻하게, 이런 직장에서 일해야 한다', '블루칼라보다는 화이트칼라' 이 정도였지 싶어요. 그때는 지금보다 직업의 종류가 적어 선택의 여지도 별로 없었을 테죠.

그러다 90년대 말 인터넷으로 전 세계가 연결되고 개인 휴대용 단말기가 개발되는 등 세상이 엄청난 속도로 변화하면서 직업의 수가 폭발적으로 늘어났어요. 덩달아 기존에 있던 수많은 직업이 사라지기도 했습니다. 여기에 우리나라는 1997년 IMF를 맞았지요. 직업에 대한 신념이 통째로 바뀌는 계기가 되었습니다. "영원한 건 없다. 언제든 실업자가 될 수 있으니, 특기를 살려 전문성을 어떻게든 계발해야 한다."

그 후에는 열정을 강조했습니다. "다 필요 없다. 티끌 모아봐야 티끌이라고, 당장의 수입보다 열정을 좇아라. 그러다 보면 성공은 저절로 따라온다." 최근엔 "한 번뿐인 인생, 하고 싶은 일을 해라!"로 기조가 이어지고 있네요. 말은 다르지만, 결국 자기가 좋아하고 잘하는 일, 즉 적성에 맞는 일을 하라는 뜻이죠.

문제는 이게 또 '부모의 할 일 목록'에 추가되는 겁니다. 요즘 부모들은 아이의 적성을 찾아줘야 한다는 압박감에 네다섯 살짜리에게 운동, 악기, 미술 등등을 한 번씩 시켜본다고 해요. 이것저것 해보면서 재능이 있는지 없는지 알아보는 거죠.

하지만 말이에요. 아이 적성을 부모가 찾아주는 게 과연 가능한 일일까요? 여러분은 여러분 적성이 뭔지 아시나요?

본래 적성이라는 것은 정말 알아내기가 어려워요. 그렇게 쉽게 발견할 수 있는 거였으면 다 김연아 선수같이 성공했게요?

자기가 '무슨 일을 하고 싶은지'조차 알기 어려워요. "전 이런저런 일을 좋아해요"라고 말하는 사람도 대부분은 틀렸어요. 실제로 일해보면 머리로 생각하는 거랑 또 다르거든요.

저는 대학생 때부터 정신과 의사가 막연히 되고 싶었어요. 고민을 들어주고 해결해주는 게 제가 좋아하는 일인 줄 알았거든요. 그런데 막상 정신과 의사가 되어보니, 예상했던 것과 엄청난 차이가 있더라고요.

친구 고민 듣는 건 솔직히 두세 시간 수다 떠는 거잖아요. 일이랑은 차원이 다르죠. 정신과 의사는 하루에 수십 명의 이야기를 듣고 즉각즉각 해결책을 내야 하는데, 고민 상담을 즐겼던 사람이든 아니든 그쯤 되면 별 상관없어집니다. 남 얘기 들어주는 걸 싫어하는 것보다야 낫겠지만, 그렇다고 해서 버틸 수 있는 직업은 아닙니다.

게다가 사실 상담은 정신과 의사가 하는 일 중 20퍼센트 정도밖에 안 됩니다. 나머지 80퍼센트는 일을 해보기 전에는 전혀 알 수 없는 영역이에요. 실제로는 이런 부분이 내 적성에 맞는지가 직업을 선택할 때 더 중요할 수 있지요.

우리가 아이 낳고 깜짝 놀란 것을 생각하면 딱이에요. 갓난아기 1시간 안고 있을 때 행복했어도 하루 10시간 안고 있으려면 죽을 것 같잖아요. 또 안고 기저귀 갈고 먹이는 것은 육아 전체로 보면 그야말로 빙산의 일각일 뿐이죠.

결국 적성이란 것은 자기가 몸소 겪으면서 찾을 수밖에 없어요. 부모가 그 역할을 대신하진 못합니다. 운 좋게 어린 시절에 재능을 발굴한다면 더 바랄 게 없지만, 극히 드문 케이스예요. 그렇지 못한 경우가 대부분이니 불안하고 애탈 일 아니에요.

저만 해도 아직 제 적성이 뭔지 완전히는 몰라요. 15년 넘게 일해보고 직장을 세 번 옮겨 봤는데도 그래요.

왜 이렇게 헤매고 있느냐고요? 그 이유는 앞서 말씀드렸듯이 어떤 직업을 선택해도 80퍼센트는 내가 예상치 못한 일이 펼쳐지기 때문입니다. 그럼 진지하게 '과연 이 직업은 내 적성에 맞는가? 이번엔 맞는 줄 알았는데 아닌가?' 하고 고민하게 되죠.

한편 전혀 할 생각이 없는 일이었는데 우연히 해보니 '와, 이거 재미있다. 평생 직업을 찾았어!' 이럴 수도 있는 거예요. 생각보다 이런 경우가 참 많고요. 제가 지금 하고 있는 일도 서른다섯 될 때까지 상상도 해본 적 없었거든요. 정신과 의사가 보험사 들어갔다가 보험 분쟁 다루는 회사를 차릴지 어느 누가 알았겠어요.

이처럼 시행착오를 겪고 잔가지를 잘라내면서 답을 찾아가는 것이 바로 적성입니다. 찾는 데 오래 걸릴 수밖에 없죠. 한 직업을 어느 정도 마스터하려면 최소 3년은 필요하잖아요. 그런데 첫 직장이 내 맘에 쏙 들 리가 있나요? 두세 번 옮기다 보면 10년 훌쩍 지나기 마련이지요.

그럼에도 불구하고 아이의 적성을 좀 더 일찍 발견하고 싶으시다면, 스스로에게 먼저 답을 구해보세요. 부모 자식은 닮는다잖아요. 생김새나 성격처럼 적성도 비슷하겠죠. 여러분이 포기했던 꿈, 직업으로 연결하지 못했던 재능, 이런 경험에서 실마리를 찾으실 수 있을 것입니다.

행운을 빕니다.

# TV 시청, 걱정하지 않아도 괜찮아요

거실에 놓인 TV를 볼 때마다 우리는 마음 한편이 무거워집니다. 보여주자니 찜찜하고, 아예 안 보여주자니 내가 너무 힘들어요. TV 안 보여주면 밥을 할 수가 없잖아요. 아이가 싱크대 옆에 있으면 사실 위험하기도 하고요. 또 졸려서 쓰러질 것 같은 때는 어떡해요? 눈이 저절로 감기는데 애랑 어떻게 놀아주나요.

그래서 TV를 틀어주면, 또 불안해요. 애가 바보 되는 거 아닌가 하는 걱정에 마음이 편하지 않아요. 방치도 아동학대라는

데, 나도 그런 사람이 된 것만 같죠.

답답한 마음에 '아이 TV 시청 시간 때문에 고민이에요'라고 맘카페 게시판에 글을 올리면, 이런 댓글이 다다다닥 달립니다.

'TV 그렇게 보여주면 안 돼요. 그러면 사고하는 기능이 떨어지고 큰일 나요. 엄마가 노력해야 해요.'

우리 아이는 진짜 바보가 될 운명인가 봐요.

불안하면 뭐다? 우리는 또 검색에 들어갑니다. 근데, 오 마이 갓. TV가 원래 이렇게 무서운 존재였나요? TV를 어렸을 때부터 보면 ① 뇌활동이 정지되고, ② 유사자폐가 발생하고, ③ 정서 문제, 행동 문제가 생긴대요. 이거 사실일까요?

뇌 활동이 정지된다는 소문부터 살펴볼게요. TV를 보는 동안 후두엽(뇌의 뒤쪽, 시각 정보 처리)만 움직이고, 전두엽(뇌의 앞쪽, 기억·언어·판단력 담당)을 포함한 다른 중요한 부분이 마비된다는 게 소문의 주된 내용이었어요.

답은요, TV를 보면, 후두엽 부위가 활성화되는 것은 맞습니다. 후두엽은 시각자극을 처리하는데, 영상은 엄청난 양의 시각 정보를 내뿜으니까요.

그렇다고 다른 뇌 기능이 마비되지는 않습니다. 여러분들 TV

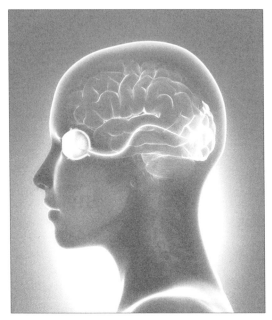

**시각 자극과 후두엽 활성**

보면서 웃고, 비판하고, 동의하고, 추리하고, 다 할 수 있잖아
요. 아이들도 TV 보면서 어떤 주인공이 나쁘다, 무섭다, 앞으로
칫솔질을 열심히 해야겠다, 이런 판단 다 합니다.

　이런 의문 가진 분도 계실 거예요. "어떤 TV 프로그램에서
봤는데, 후두엽만 빨갛게 보이고 나머지는 회색으로, 죽은 것처
럼 보였거든요. 이건 뭔가요? 진짜 전두엽 기능이 정지한 것 아

닌가요?"

그건 이렇게 설명드릴 수 있겠네요. 뇌 기능 검사는 '상대적' 활성도를 보여줍니다. 후두엽이 활성화되면, 다른 부위(전두엽 등)의 활성도는 원래 활성도보다 낮은 것처럼 나올 수 있어요. 절대적으로 낮아지는 게 아니어도요. 그러면 후두엽을 제외한 다른 부위는 멈춘 것처럼 보이겠죠.

사망하지 않고서야 뇌 기능이 정지하는 일은 일어나지 않습니다. 오히려 TV를 보면, 뇌는 정보를 처리하느라 혹사되는 쪽에 가까워요. TV 보고 나서 엄청 피곤하거나, 반대로 잠 안 올 때 TV 봤다가 밤 꼴딱 새는 경우가 생기기도 하는 게 이 때문이죠.

이번엔 유사자폐에 대해 말씀드릴게요. 자폐의 핵심은 의사소통이 어렵다는 것인데, 후천적으로 자폐장애가 생기는 경우는 글쎄요. 극단적인 경우라고 보시면 될 것 같습니다. 정상적인 부모 자식 간 소통 없이 TV만 보여주면 그럴 수 있죠.

"매일같이 TV 시간을 조절해보려고 노력해도 힘드네요. 우리 애는 이떤 때 하루에 4시간도 봐요"라고 고민하는 정도면 유사자폐 걱정은 안 하셔도 될 겁니다. 엄마가 건강한 정상인이잖아요.

정서 문제, 행동 문제는 물론 TV 시청 때문에 생길 수 있습니다. 유해한 내용을 여과 없이 본다면 공격적인 행동을 보일 수 있겠죠. 하지만 더 중요한 원인은 따로 있습니다. TV를 오래 시청하는 아동들은 부모의 기본적인 돌봄 자체가 부족한 경우가 많습니다. 그럼 아이가 우울하거나 공격적인 행동을 할 가능성이 높고요.

결론적으로, TV가 뇌를 직접적으로 손상시키는 것은 아닙니다. TV는 그런 능력이 없어요. 뇌를 직접적으로 손상시키는 것은 마약, 본드, 부탄가스, 이 정도는 되어야 해요. 만약 TV를 오래 봐서 뇌가 손상된다면, 나이 60세 이상인 분들에게는 TV 시청을 금지해야겠죠. 치매 예방을 위해서요.

우리나라에 컬러 TV가 출시된 건 1980년입니다. 그럼 1980년대생들은 어렸을 때부터 무분별하게 TV에 노출된 첫 세대겠지요. 이전에 태어난 분들은 어린 시절 TV에 노출된 적이 없을 테고요.

TV가 진짜 바보상자라면, 현재 1980년생 이하 세대는 단군이래 유례없는 '똥멍청이' 세대가 되어야 마땅할 것입니다. 전 어렸을 때 정말 '질리도록' 온종일 TV를 보면서 컸거든요. 제 친구들도 마찬가지였어요.

그런데 어떻습니까? 우리 중에 혹시 TV 때문에 바보가 된 사람이 있었나요? 딱히 그렇지는 않잖아요? 인류는 세대가 지날수록 점점 더 똑똑해지고 있습니다. 온갖 영상 매체에 노출되고 있음에도 불구하고요.

그러니까 너무 걱정하지 않으셔도 괜찮아요. TV는 여러분이 무서워할 괴물이 아닙니다. 재미있는 책, 좋아하는 음악, 영화, 이런 것들과 동급인 하나의 매체라고 여기시면 돼요.

물론 TV가 편하고 재미있긴 합니다. 그래서 다른 걸 하기 귀찮지요. 전 이게 유일한 해악이라고 봐요. TV를 보면 다른 걸 안 하게 되는 거요. 가족과의 대화, 산책, 독서, 공부, 이런 시간을 빼앗잖아요. 그래서 언어 기능이 떨어지고, 인지 기능이 떨어지고, 비만이 되고 그런 거죠.

이런 점에서 TV를 안 볼 수만 있다면 최대한 보지 않는 게 좋습니다. 그러면 됩니다. 우리가 해야 할 고민은 단지 이거예요. '앞으로 TV 시간을 어떻게 줄일까?'

어제 TV 4시간 봤다고 아이큐 떨어지는 거 아니니까 걱정 마세요. 지난 과거는 잊고, 지금 당장 문제를 해결하러 떠나봅시다.

# TV 시청 줄이는
# 가장 쉬운 방법

아이의 TV 시청을 어떻게 조절하면 좋을까요? 아이와 시간 약속하기, 2시간 지나면 TV 꺼지게 타이머 맞추기, 이런 방법 말고 다른 방법이 혹시 더 있을까요?

좋아요. 그런데 흠, 모두 아이가 TV를 그만 보게 만드는 방법이네요. TV를 보는 주체는 아이니까 당연히 이들의 행동을 제한하는 게 맞겠지요. 하지만 말입니다. 이 방법들은 잘 안 먹혀요. 왜냐하면 아이들은 충동조절이 안 되고 고집이 더럽게 세기 때문이에요. 발달 단계상 아직 자제력이 없거든요. 이런 상대에게 행동을 조절하라니요. '미션 임파서블'입니다.

그럼 다른 수가 있냐고요? 물론이죠. 사실 육아를 하면서 부딪히는 어려움 중에 TV 시간 줄이기만큼 쉬운 것도 없어요. 그냥 TV를 집에서 없애면 되잖아요. 그럼 아이가 TV를 아예 볼 수가 없겠네요? 참 쉽죠?

지금 장난하나 싶으신가요? 크크크. 농담한 거 맞아요. TV 없애기 쉽지 않지요. 아이에게 TV를 보여주지 않으면, 부모가 쉴 틈이 없으니까요.

다시 말해 TV를 끊을 수 없는 사람은 부모예요. 아이에게 TV를 틀어주면 천국이 찾아오잖아요. 힘든 육아 일상에서 마약 같은 TV 타임에 중독될 수밖에요.

따라서 효과적으로 TV 시청을 줄이는 방법은, 아이가 아닌 부모에게 초점을 맞춘 해결법일 것입니다. 여러분도 공감하시나요? 좋습니다. 그럼 지금부터 '부모가 TV를 틀지 않는 방법'을 알려드릴게요. 딱 세 가지만 하시면 됩니다.


① TV를 눈앞에서 치운다.

② 부엌일 하는 시간을 줄인다.

③ 에너지를 보충한다.

하나씩 살펴볼게요.


첫째, TV를 눈앞에서 치웁니다.

'Out of Sight, Out of Mind'라는 명언이 있죠. TV 시청 시간 줄이기에 이것만큼 잘 들어맞는 말도 없어요.

인간은 눈에 보이면 갑자기 없던 욕구가 생깁니다. 별생각 없던 밤 10시, 라면 광고가 나오면 갑자기 배고파지잖아요. TV가 눈에 띄면, 식탁 위의 치킨을 만난 듯 나도 모르게 틀게 돼요.

TV를 거실에서 치우기만 해도 시청 시간이 확 줄어듭니다. 우리는 주로 거실에서 지내니까요. 방으로 옮기기 어려운 상황이면, TV에 천을 덮어 씌우든지 여하튼 눈에 안 띄게 숨겨두세요. 뭘 하든 TV 시청 시간 줄이기는 이전보다 훨씬 수월해질 것입니다.


둘째, 부엌일 하는 시간을 줄입니다.

부엌일 하는 시간 줄이는 거, 정말 중요해요. 식기세척기 사고, 햇반 돌립시다. 다른 집안일은 한자리에 서 있는 시간이 짧고 멀티태스킹이 그나마 가능한데, 부엌일은 그렇게 못 하잖아요.

음식 준비하는데 아이가 뒤에서 계속 울거나 놀아달라고 하면 귀마개를 꽂을 수도 없고 미칠 노릇이죠. 뜨거운 거 쏟아질까 봐 온 신경이 곤두서고요. 그러다 보면 아이를 위해서 직접 정성 들여 밥 짓다가, 애한테 악쓰는 사태가 벌어져요. 주객이 전도되는 거죠. '난 누군가… 지금 뭐 하는 짓인가….'

게다가 부엌일은 다른 집안일보다 압도적으로 시간이 오래 걸려요. 음식 준비하는 데 최소 30분, 설거지·정리하는 데 30분, 아무리 짧아도 하루 3끼 3시간이나 잡아먹네요. 최대한 줄여봅시다. 부엌일 줄이는 방법 하나씩 살펴볼게요.

① 설거지는 식기세척기에 맡긴다.
② 손질된 재료로 구입한다.
③ 반조리 식품을 활용한다(밥은 즉석밥으로).
④ 나 대신 조리해주는 기구를 활용한다.
　　(전자레인지, 전기포트, 슬로우쿠커, 에어프라이어 등)
⑤ 배달시키자.

셋째, 에너지를 보충합니다.

에너지를 보충하는 것이야말로 근본적인 해결책입니다. 부모가 기운이 넘쳐야 TV 안 보여줄 수 있지요.

기운이 솟는 방법은 여러분도 이미 알고 계실 거예요. 일단 틈만 나면 잠을 잡니다. 만약에 자도 자도 피곤하다면, 이건 뭔가 문제가 있는 거예요. 병원에 가서 진료받는 걸 고려해보세요. 필요하면 항우울제 복용도 주저하지 마시고요.

별 방법을 다 써봤지만 피곤하다? 그럼 TV 틀어주고 한숨 주무세요. 졸려 죽겠는데 아이랑 어떻게 놀아줘요. 이럴 때 억지로 버티면 'TV 안 보여준다'는 원칙 지키려다 아이한테 짜증 내게 됩니다.

죄책감일랑 접어두고 푹 쉬세요. TV 몇 시간 보여줬다고 아이 뇌가 손상되는 건 아니니 마음 놓고 주무세요. 그래야 깨어났을 때 다시 기운 뿜뿜할 수 있죠.


이 정도면 대충 TV 시청 시간 줄이는 방법은 정리한 것 같네요. 자신감이 좀 생기셨나요? 좋아요. 그럼 아이와 실랑이하지 않고 TV 시청 시간 제한하는 실전팁 알려드리고 마무리할게요. 제가 쓰는 방법이에요.

우리 집은 여러 가지 시도 끝에 월~금에는 TV를 보지 않고, 주말엔 자유롭게 봐도 되는 체제로 정착했어요. 밤 9시 이전에 TV 끄기, 식사 시간(점심 2시간, 저녁 2시간)에 보지 않는다는 조건으로요.

이렇게 정한 이유는 주중에 아이랑 매일 다투기 귀찮아서예요. (미안하다. 애들아. 하지만 이건 너희들 탓도 있어. 그러길래 진작 엄마가 끄라고 할 때 껐어야지.)

주말에 TV 제한을 풀어준 것 역시 저를 위해서예요. 저도 살아야죠. 주말에 낮잠 좀 자고 해야 인간다운 삶 아닌가요? 배우자랑 대화다운 대화도 하고요. 아이들 역시 주말에 늘어져 노는 재미를 누려봐야지요.

주말에 실컷 보라고 해도 실제로는 많이 못 봐요. 서너 시간 지나면 TV 보는 것도 지겹거든요. 토요일엔 오랜만에 보니 재밌게 본다 쳐도, 일요일에 또 그렇게 본다고 생각해봐요. 상상만으로도 벌써 지쳐요.

그럼 이틀 동안 기껏해야 7~8시간 보네요? 결국 일주일에 7~8시간 보는 겁니다. 매일 '1시간만 봐야 한다!'라고 실랑이 안 해도 되지요.

어떠세요, 참 쉽죠?

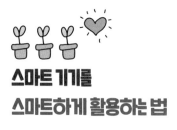

# 스마트 기기를
# 스마트하게 활용하는 법

부모라면 누구나 이들을 두려워할 것입니다. 바로 스마트폰, 아이패드, 태블릿 같은 스마트 기기요. 이것은 기존의 TV나 인터넷 게임과는 차원이 다른 존재입니다. 언제 어디서나 사용이 가능하니까요. 덕분에 매우 편안하지만, 중독되면 답이 없죠.

저도 스마트폰은 사실 무섭습니다. 아이들이 이 기기 때문에 인생을 망칠까 봐요. 저는 스마트폰을 서른두 살에 처음 샀는데, 더 어렸을 때 이 녀석을 접하지 않아서 천만다행이라고 생각해요. 자제하려고 노력해도 어느 순간 스마트폰을 손에 쥐고 있더라고요. 정신을 차려보면 벌써 1시간이나 지나 있죠.

스마트 기기에 대한 고민이야 다들 비슷할 것 같아서 생략할게요. 단도직입적으로 스마트한 활용법 들어갑니다.

① 협상의 여지를 주지 않는다.
② 쓸 때는 화끈하게 허용한다.
③ 아이에게 쥐여주고 싶은 순간을 제거한다.
④ 스마트 기기 활용법을 익히는 도구로 사용한다.

이제부터 하나씩 살펴볼게요.

첫째, 협상의 여지를 주지 않습니다.

'스마트 기기는 부모의 것이지 네 것이 아니다'라는 걸 확실히 해두세요. 부모의 물건인데 잠시 사용을 허락하는 식인 거죠. 실제로 부모가 구입한 거니까 당당하셔도 됩니다. 그럼 아이들이 왜 안 내놓냐고 떼쓸 때 단호하게 대처할 수 있을 거예요. "전에는 된다더니 왜 갑자기 못 쓰게 해요!" 하면 "사용 시간이 너무 긴 것 같아서 줄일 거야. 앞으로는 주말에만 허용하기로 정했어"라고 하시면 됩니다.

여기서 잠깐. 부모의 스마트폰은 무조건 쥐여주지 마세요. 태블릿 같은 다른 기기는 일상생활에 필수적인 게 아니니까, 이것 때문에 문제가 심각해지면 사실 버리면 돼요. 하지만 스마트폰은 중요한 의사소통 도구란 말입니다. 카톡, 밴드, 학교 알리미 등 공지를 받으려면 스마트폰이 있어야 하죠. 경제활동도 마찬가지고요. 따라서 스마트폰 사용으로 문제가 생긴다면, 제거와 같은 간단한 방법을 적용할 수 없어요. 해결이 어려워집니다. 아예 손대면 안 되는 물건으로 못 박으세요.

사용하는 시간을 협상의 여지 없이 정하는 것도 중요합니다. 흔히 '하루에 1시간 허용' 이런 식으로 약속하는 경우가 많은데, 이러면 시작할 타이밍을 매일 협상해야 해요. 예를 들어볼게요.

"엄마, 나 지금부터 태블릿 해도 돼?"

"음… 잠깐만… 그런데 너 숙제는 했니?"

"아니, 아직 안 했는데. 태블릿 쓰고 숙제하면 안 돼?"

"안 돼. 그리고 너 곧 저녁 먹어야 하잖아."

"엄마 이번 한 번만~ 숙제 다 해도 저녁 먹으라고 태블릿 못 하게 할 거잖아. 그럼 2시간이나 더 있어야 되는데. 진짜 제발요!"

이 실랑이를 매일 한다고 생각해봐요. 어후, 끔찍하죠.

그럼 더 구체적으로 '저녁 8시부터 1시간(8:00~9:00) 사용 가능. 단, 숙제를 다 했을 때' 이렇게 정하면 어떨까요?

좀 낫긴 한데, 안타깝게도 분란의 여지는 남아 있어요. 숙제를 미루고 미루다가 저녁 8시 25분에 겨우 끝냈으면 그때는 어떻게 하죠? 8시가 지났으니 안 시켜주나요? 9시까지 35분만 시켜주나요? 9시 25분까지 1시간 시켜주나요? 아이가 "나 태블릿 안 해도 되니까, 오늘 그냥 숙제 안 할래"라고 하면 어떻게 대처하죠?

할 수 있는 날, 없는 날로 구분하는 게 제어하기 편해요. '일요일' 아침 9시부터 12시까지 허용. 다른 날에는 하늘이 무너져도 불가. 이런 식으로요. 그럼 태블릿 써도 되냐 안 되냐 매일같이 협상할 필요가 사라지죠.


둘째, 쓸 때는 화끈하게 허용해주세요.

스마트 기기 사용하면 말도 못 하고 생각도 못 하고 뇌 발달에 문제가 생긴다는 걱정들 많이 하시잖아요. 근데 말이죠. 하루에 스마트 기기에 노출되는 시간이 얼마나 되나요?

앞서 말씀드린 TV와 비슷해요. 화면에서 독이 뿜어져 나오는 것도 아닌데, 동영상 몇 분 본다고 뇌 발달에 문제가 생기겠어요.

TV 시청 시간과 인지 기능 저하와의 상관관계를 밝힌 한 유명한 연구를 보면 "하루 평균 3시간 이상 매일 TV를 본 아이들은 3시간 이하로 본 아이들보다 인지 기능이 떨어진다"고 해요. 그런데 우리가 매일같이 TV나 스마트 기기를 3시간 넘게 아이에게 보여주나요? 아니잖아요.

우리가 '가끔' 뭔가를 하는 건 우리 몸에 거의 아무런 영향을 끼치지 않아요. 뇌 발달을 막는 '영구적 손상'이 발생하려면, 어마어마한 양에 노출되어야 하지 않을까요? 우리는 요즘 걱정이 과한 시대에 살고 있는 것 같아요.

하지만 스마트 기기를 부모가 힘들 때마다 쥐여준다면 아이의 언어나 인지 기능 발달, 정서적 발달에 좋은 영향을 끼치기 어려운 건 사실이겠죠. 소통할 시간이 부족해지니까요.

솔직히 어린아이와 대화하는 게 신나는 부모가 어디 있겠어요. 나는 글로벌 경제 위기가 걱정되는데 쟤는 까꿍놀이가 아직 좋다는걸요. 이럴 때 '내 대신 놀아주렴' 스마트 기기 쥐여주면 얼마나 편해요? 대신 아이는 중요한 시간을 허비하게 되겠죠. 그렇게만 하지 말라는 거예요.

허용해주는 날을 확실히 정하고 그날에는 화끈하게 풀어주세요. 사람을 가장 미치게 만드는 게 감질나는 거잖아요. 한번 허용할 때 더 이상 미련이 없도록 푹 놀게 해주세요.

아이들 영화가 보통 90분 정도거든요. 기껏해야 100분 좀 넘어요. 그 이상 넘어가면 몸이 배배 꼬이고 못 버티는 거죠. 사용하기로 약속한 날 2~3시간 허용해주면, 시간 됐을 때 알아서 끈다고 해요. 자기가 지겨워서요.

셋째, 아이에게 스마트 기기를 쥐여주고 싶은 순간을 제거합니다.

아이에게 스마트 기기를 쥐여주고 싶은 가장 절실한 순간은 아마 '외식할 때'일 거예요. 밥 먹기 시작한 지 10분 지나면 벌써 들썩들썩하잖아요. 못 움직이게 하면 낑낑거리고 드러눕지요. 주위 사람들이 흘끔대는 순간, 스마트 기기는 천군만마와 같은 존재일 겁니다.

문제는 '외식할 때' 보여준 게 '밥 먹을 때'로 확장될 수 있다는 점이에요. 그럼 하루에 두세 번씩 실랑이하는 상황이 벌어집니다. 최악이죠.

만약 스마트 기기 없이는 외식하기 어렵다면, 저는 과감히 외식을 줄이라고 말씀드리고 싶습니다. "엄마, 나 오늘 밥 안 먹을래." 이 말이 엄마를 공격하는 가장 강력한 무기거든요. 이게 스마트 기기 사용 문제와 뒤섞이면 진짜 어려운 상황으로 치닫게 돼요. "태블릿 안 보여주면 밥 안 먹어." 이거 어떻게 해결하실 거예요? 사춘기 아들 딸이 식탁에서 스마트폰만 보고 있으면요. 상상만 해도 혈압 오르네요.

외식이든 뭐든 식사 시간에는 절대 보여주지 마세요.

넷째, 스마트 기기 활용법을 익히는 도구로 사용합니다.

세상이 변했죠. 스마트 기기를 완전히 차단하기는 어려워요. 게다가 무조건 차단하는 게 능사가 아닌 것 같아요. 이제는 누구나 스마트 기기를 사용하기 때문에, 잘 쓰는 게 도움이 된다는 말이죠. 스마트 기기용 콘텐츠를 만들 줄 아는 사람이 요즘엔 가장 핫하잖아요. 초등학생 대상 코딩 학원이 우후죽순 들어서고 있는 걸 보셨을 거예요. 지금의 영어처럼, 컴퓨터 언어를 기본적으로 사용해야 하는 세상이 올지도 몰라요.

SNS를 시간 낭비 시스템이라고도 하지만, 이 시스템을 결국 이용해야만 하는 시대가 왔어요. 창업하려면 블로그, 페이스북, 인스타그램, 유튜브 중에 기본적으로 하나 이상은 해야 합니다.

예전 방송국이 광고 수입을 벌었던 것처럼 개인이 이를 이용해서 돈을 벌기도 하고요.

여기서 잠깐. 여러분께 '또 이런 걸 준비해야 해!'라고 불안감을 조성하려는 의도는 절대 아닙니다. 어차피 지금 여러분의 어린 자녀가 이걸 할 수도 없어요. 커서 해도 충분하고요.

다만 어차피 사용할 거라면, 스마트 기기에 익숙해지도록 활용하길 제안드리고 싶어요. 남들이 만들어놓은 콘텐츠를 소비하는 도구로만 쓰지 말고, 콘텐츠 만드는 방법을 익히게 하는 거죠. 화면에 그림을 그려서 저장한다든지, 자판을 쳐서 글을 써본다든지, 방송국 리포터처럼 동영상을 찍어본다든지, 여러 가지 방법이 있을 거예요. 혹시 아니요? 장래에 유명한 크리에이터가 될지.

# 지나치게 기대하면
# 아이도 나도 병이 납니다

지금 가장 절실한 목표는 무엇인가요? 영어, 자격증, 운동하기, 다이어트? 아니, 아니요. 이런 거 말고 진짜 중요한 목표요. 내 인생 다 걸 만한 그런 목표를 생각해보세요. 네. 맞아요. 아마도 내 아이를 잘 키우는 것. 이거겠죠.

이왕 목표를 세웠으니 그게 뭔지 한번 구체적으로 정의해봅시다. '내 아이가 이렇게 컸으면 좋겠다' 싶은 모습이요. 쉽게 말해 엄마 친구 아들 말입니다. 자아실현과 경제적 풍요를 동시에 누리는 직업을 가졌으며, 긍정적인 성격에 사람들과 잘 어울리는 사람. 이 정도면 됐나요?

이 목표는 얼마나 소중합니까. 누구나 훌륭하게 완수하고 싶을 거예요. 내가 제일 아끼고 사랑하는 존재잖아요. 그러다 보니 마음 한편이 불안해져요. 혹시 잘못되면 어쩌지? 내가 망치면 어쩌지? 걱정이 이만저만 아닙니다.

불안하면 뭐다? 완벽주의가 발동해요. 완벽한 아이로 키우기 위해 부모는 최선을 다하기로 결심합니다.

태어나는 그 순간부터 아이에게 계속해서 질문을 던지고 말을 겁니다. 남들보다 뒤처지지 않게 연령별 맞춤 학습도 시켜요. 이 모든 것을 가능케 하는 적절한 칭찬 또한 잊지 않죠.

혹시나 인격 형성이 잘못될까 싶어, 말 한마디 한마디 신경 써서 건네요. "하지마. 안 돼"라고 말하고픈 순간, "다른 방법을 한번 생각해볼까? 어떻게 하면 좋을까?"로 바꾸느라 머리와 입에 쥐가 나요. 이럴진대 혹시 아이에게 화를 냈다? 험한 말 내뿜었다? 그런 날에는 귀한 자식 트라우마 남을까 봐 밤새 잠을 못이룹니다.

이것뿐인가요. 인간관계도 신경 써줘야죠. 인맥이 그렇게 중요하다면서요. 유치원 입학부터 '아이 친구 만들기'에 돌입합니다. 주말이면 모임을 잡아 키즈 카페에서 만나고, 그룹을 지어 체육 학원에 보내요. 초등학교 들어가면? 그때까지 버티던 워킹맘도 우르르 휴직을 합니다. 엄마가 친구 안 만들어주면 왕따 되기 십상이라고 주변에서 하도 떠들어대서요.

휴, 아이 키우기 진짜 보통 힘든 게 아니네요. 근데 말이죠. 이러면 아이가 과연 잘 클까요?

글쎄요. 우리 인생에서 계획대로 된 적이 한 번이라도 있었나요? 매년 1월에 '내가' 세운 계획도 '내 맘대로' 안 되는데, '남'이 '내 맘대로' 될 리가요! 그것도 무려 2~30년짜리 초장기 계획에서요. 내 예상을 벗어나는 순간은 반드시 찾아옵니다. 이건 100퍼센트죠.

다음은 어떻게 될까요? 아이가 내 말 안 듣고 엇나가면요. 매일 게임만 하고 있으면요. SNS 하느라 정신은 안드로메다에 두고 다니면요. 학교 자퇴하겠다 하면요. 곱게 곱게 키웠는데 입만 열면 비속어에 쌍욕이면요. 갑자기 의욕 잃고 우울증에 빠지면요. 좋은 친구 다 놔두고 이상한 애들이랑 어울려 다니면요.

실망이 이만저만 아니겠죠. 그리고 화가 납니다. 인간은 바라던 게 이루어지지 않으면 견딜 수 없을 정도로 분노해요. 게다가 내 말 안 듣고 엇나가는 대상이 지극정성을 쏟은 내 인생 목표라니! 내상이 어마어마합니다.

그런데 나만 다치는 게 아니에요. 아이도 병이 납니다. 저는 많이 봤어요. 삶의 끈을 놓아버린 20대 젊은이들이요. 정신과 클리닉에는 그런 친구들이 넘쳐나요. 부모의 과도한 욕심으로 망가져버린 아이들 말입니다.

이렇게 말씀드리면 "어머, 얼마나 강압적으로 억압했으면 자식이 정신과까지 방문했을까?"라며 부모가 진짜 이상한 사람일 거란 추측을 하실 텐데요. 실제로 만나보면 우리 주변에서 흔히 보는 이웃과 다르지 않습니다. 오히려 보통의 부모보다 자상하고, 자식을 정말 사랑하는 것처럼 보입니다. 자녀를 올바르게 이끄는 원칙에 대해서 정신과 의사보다 더 잘 알고 있는 경우도 많아요.

하지만 면담을 진행하면 어느 순간 숨 막히는 느낌이 들 때가 있습니다. 그분들은 자녀를 맡은 치료자조차 자기가 원하는 대로 움직이게 하고 싶은 거예요.


"선생님이 보시면 좋을 것 같아서 글을 하나 가져왔습니다. 우리 아이 면담할 때 참고하셔서 말씀해주시길 부탁드립니다."

한두 번이면 그럴 수 있는데, 그 뒤로 계속 좋은 글을 들고 와서 다 큰 자식에게 이런 얘기를 해달라, 저런 얘기를 해달라 요청하시더라고요. 나중에는 제가 도망가고 싶었습니다. 왜 제 환자가 틈만 나면 아버지와 연락을 끊는지 알 것 같더군요.

의도가 선했더라도 나쁜 결과는 언제나 발생할 수 있습니다. 나도 모르는 사이에 아이를 숨 막히게 할 수 있어요. 숨 못 쉬는 아이가 잘 자랄 수 있을까요.


'아이를 키운다'는 말은 반은 맞고 반은 틀렸어요. 아이는 우리가 키워서 크는 게 아니라, 스스로 자라잖아요. 나무와 마찬가지죠. 양지바른 곳에 두고 물이랑 비료 주면 우리는 부모로서 할 일 다 한 거예요.

자꾸 가지 치지 마세요. 손대지 마세요. 그럼 기껏해야 보기 좋은 정원수만 돼요. 아주 운이 좋아서 아이가 계획대로 따라준다고 해도, 기껏해야 우리 목표의 7~80퍼센트 만족하면 잘된 거예요. 목표를 100퍼센트 달성하기 어디 쉽나요. 근데 혹시 가만 놔뒀으면 120퍼센트, 150퍼센트, 200퍼센트 클 가능성도 있지 않았을까요?

크고 웅장한 나무가 되길 바란다면, 우리는 해충이나 잡아주고 기다려야 합니다. 물론 쉽지 않을 거예요. 맞아요. "아이가 오답 선택하고 있을 때, 달려나가 고쳐주지 않고 견딜 수 있을까?" 이 물음에, 저 역시 "그럼요. 견딜 수 있어요"라고 자신 있게 장담은 못 하겠어요. 하지만 참아야만 할 테죠. 이것이 부모가 자식에게 줄 수 있는 가장 큰 사랑이니까요.

아이를 키우지 마세요. 그저 옆에서 지켜봐 주세요.

# 아이는 항상 부모보다
# 더 나은 사람이 됩니다

혹시 이런 생각 해보신 적 있나요? '우리 아이가 어른이 됐을 때는 지금보다 더 먹고살기 힘들 것 같다.'

경쟁은 더 치열해지고, 일자리는 점점 줄어들고, 우리 아이 세대는 아무래도 돈 벌기 어려울 것 같습니다. 게다가 지금도 월급 모아서 집 못 사는데 미래에는 집값이 얼마나 비싸겠어요. 결국 지금 나보다 더 못살게 되지 않을까 걱정이 자꾸 된단 말이지요.

상황이 이렇게 안 좋은데, 아이쿠, 저 철딱서니가 열심히 노력할 것 같지도 않지요. "노세 노세 젊어서 노세. 유 온리 리브 원스$^{You\ Only\ Live\ Once}$. 욜로~!" 학창시절에 이럴까 봐 잠이 안 올 지경이에요.

어머, 제가 여러분 불안에 불을 붙였나요? 잠깐. 진정하시고 더 들어보세요. 걱정하실 필요 하나 없습니다. 하고픈 얘기는 이거예요. '모든 아이는 항상 부모보다 더 나은 사람이 됩니다.'

이건 진짜 장담할 수 있어요. 자기가 부모보다 못하다고 말하는 사람, 지금까지 한 명도 못 봤거든요. 아무리 부모가 소위 성공한 사람이라 해도요. 자식들은 자기가 더 낫다고 생각해요. 정말로요.

왠지 믿기 어렵다고요? 그럼 한번 예를 들어볼까요?

여기 사회적으로 유명하고 존경받는 아버지가 있어요. 경제적으로도 성공한 분입니다. 한편 자식은 아버지 수입의 1/20도 못 버는 무명 뮤지션이에요. 재능은 그저 그렇고, 밤새워 연습할 만큼 열정을 보인 적도 없죠. 하지만 그는 이렇게 말합니다. "우리 아버지는 인생을 몰라. 안타깝지."

저도 그래요. 저는 아버지를 참 존경하거든요. 그런데도 가끔 그분보다 제가 잘난 것 같아요. 아, 물론 아버지는 아직도 저를 볼 때마다 철이 덜 들었다고 하죠. 물가에 내놓은 어린아이 같아 불안하대요.

여러분은 어떠신가요? 부모님보다 못난 사람이라 생각하시나요?

세상은 계속 변합니다. 원래 인생에 정답은 없고요. 아이 기준에 '끝내주는 인생'과 내 기준은 완전히 다를 수밖에 없어요. 그러니까 우리 기준에 맞추려고 아등바등할 필요 없어요. 그래서도 안 되고요.

인류 역사를 통틀어 부모세대가 자식세대 걱정 안 한 적이 없습니다. 그래도 봐요. 세상은 계속 발전하고 있잖습니까. 지금 우리가 하고 있는 걱정은 진짜 쓸데없는 걱정이에요.

이제 제 말 믿으실 수 있지요?

아이는 항상 부모보다 더 나은 사람이 됩니다.

이제 자식 걱정은 내려놓으시고 편안하게 키우세요.

# 아이가 말이 늦어 걱정될 때

제가 운영하는 블로그에 찾아오신 분들이 종종 질문을 남겨주는데, 그중 상당수가 언어 발달이 지연되는 것 같아 근심된다는 내용입니다.

"말을 이 정도 하는데, 정상인지 늦는 건지 잘 모르겠어요", "어디로 가야 할까요. 추천해주실 병원이 있나요", "검사를 받아보고 싶어도, 정신과 진료 이력 때문에 향후 불이익이 있을까 봐 걱정됩니다" 이런 고민들입니다. 아마 아이를 키우는 부모라면 한 번쯤 해봤을 걱정이겠지요. 어쩌면 여러분도 지인으로부터, 후배로부터, 익명의 누군가로부터 질문을 받았을 수 있겠군요. 어떻게 답을 주면 좋을까요?

아이의 언어 발달이 지연되고 있는지 잘 모르겠다는 경우부터 살펴보겠습니다. 먼저 한 가지 질문을 드리죠. 말이 늦는 것 같다고 알아챈 사람이 누구인가요? 어린이집 선생님? 친척? 소아과 의사? 아니면 나의 느낌?

만약 어린이집 선생님이나 소아과 의사, 또는 또래 아이 수준을 잘 아는 사람이 귀띔해준 이야기라면 바로 발달 검사를 받아보시기 바랍니다.

혹시 가정 내에서 키워 또래와 비교하기 어렵고 어린이집 선생님의 의견을 받아볼 기회가 없다면, 소아과에서 정기적으로 받는 영유아건강검진 결과를 참고하시면 되겠습니다.

만약 발달 평가를 받기로 결심하셨다면, 병원은 '가까운 소아정신과'를 추천합니다. 몇 달씩 대기해야 하는 대학병원이나 유명한 병원도 좋겠지만, 하루빨리 엄마와 아이가 편안해지는 것 역시 중요하니까요.

대학병원 외래 대기실에 앉아 있는 과정은 혀를 내두를 정도입니다. 아이를 좁은 공간에서 1시간 이상 앉혀두기가 어디 쉬운가요? 막상 진료실에 들어가서는 질문하기도 왠지 어렵습니다. 이미 내가 1시간 기다렸고, 뒤에 수십 명 앉아 있는데, 기다리는 엄마들 생각하면 '그냥 내가 답답하고 말지.' 하고 포기하게 됩니다.

그리고 발달이 지연된 아이를 키우는 엄마야말로 상담이 필요한 경우가 많은데, 대기 환자가 많으면 상담하기가 어렵습니다. 편안히 진료받을 수 있는 병원에 가세요. 소아정신과 선생님들은 모두 정신과 전문의가 된 후, 대학병원에서 소아 전문으로만 따로 1~2년 이상 트레이닝 받은 분들입니다. 그러니 믿고 집 근처 소아정신과에 방문하셔도 됩니다.

마지막으로, 정신과 진료 기록이 있으면 보험 가입에 불이익이 있을 것이라는 걱정들을 많이 하시는데요. 치료가 종료된 날부터 몇 년이 지나면 보험 가입 시 묻지도 따지지도 않기 때문에, 어릴 적 기록으로 성인에게 문제가 되는 경우는 없다고 보시면 됩니다. 게다가 정신과 외래 치료 중이어도 가입 가능한 보험 상품은 이미 시중에 많습니다.

취업 역시 걱정하지 않으셔도 됩니다. 어느 회사도 치료 기록 공개를 요구하지 않으니까요. 의무기록은 가장 철저히 보호되는 개인 정보 중 하나입니다.

이 정도면 답변이 됐으려나요. 고민의 무게가 조금 가벼워졌는지요.

아이가 말이 늦을 때, 그냥 기다려도 괜찮은 건지 아닌지 보통의 부모가 감별하기는 정말 어렵습니다. 인터넷에서 아무리 찾아봐도 답 안 나와요. 글로 보는 것과 실제는 다르거든요. 언어 발달 단계표를 달달 외워본 저도 막상 제 아이를 객관적으로 평가하지 못하겠더라고요.

언어에 관해서는 조금이라도 문제가 있다면 조기에 평가하고 개입하는 쪽을 추천합니다. 말은 인간의 가장 기본적인 의사소통 도구니까요. 말이 잘 안 되면 아이도 불편할 뿐 아니라 어른도 불편합니다. 아이의 생활 자체가 어려워지죠. 친구들과의 관계도 그렇고요. 친구 사귀기 얼마나 힘들겠어요.

한번 검사받고 정상이면 안심, 아니면 치료받으면 됩니다. 잃을 게 없는 선택지입니다. 치료가 필요한 아이를 하루빨리 발견하고 도와주는 것만큼 값진 일이 있을까요. 이제 불안은 전문가에게 맡기시고 편안한 시간 보내시길 바랍니다.

## 지능연구의 허와 실

"6개월 이상 모유 수유를 하면 아이의 지능이 10만큼 올라갑니다."

이런 이야기 들어본 적 있으신가요? 사실일까 아닐까 궁금하지 않으세요? 제가 앞서 모유 수유 안 해도 된다고 말씀드렸는데, 진짜 아이에게 상관없는지 알려드릴까요?

결론부터 말씀드리자면, 이것은 실재하는 연구 결과입니다. 2002년 발표된 논문에 쓰여 있는 내용이에요. 그것도 아주 저명한 저널에 실린 논문입니다.

연구 결과에 따르면, 모유 수유한 기간이 1개월 미만인 아이들은 성년이 되었을 때 평균 지능지수$^{IQ}$가 98.2로 나왔다고 합니다. 그런데 모유 수유 기간이 7~9개월인 아이들은 성년기 IQ가 무려 108.2였다고 하네요. 정말 놀라운 결과지요. 6개월 모유 수유로 IQ가 10이나 올라가다니요. 이제 모유 수유 못 한 엄마들은 큰일이네요. 시작부터 아이 IQ를 -10으로 세팅하고 키우는 셈이 되었군요.

하지만 벌써부터 걱정하실 필요는 없습니다. 지금부터 진짜 진실을 알려드릴 테니까요.

앞서 7~9개월 모유 수유한 경우 평균 IQ가 108.2로 나왔다고 말씀드렸습니다. 그렇다면 9개월 넘게 모유 수유한 아이들의 IQ는 얼마일까요? 108? 110? 112?

모두 틀렸습니다. 7~9개월 모유 수유한 아이들의 IQ보다 무려 6이나 떨어진 102.3이 나왔습니다. 이게 어찌된 일일까요? 모유 수유 9개월까지는 아이의 지능이 오르다가 그 이상 계속하면 지능이 내려가네요. 혹시 1년 수유기간 채운다고 마음먹은 분들 계시다면, 9개월 시점에 알람 맞춰 두고 그 전날에 꼭 그만두셔야겠습니다.

아, 물론 농담입니다. 1년 채우셔도 괜찮습니다. 6개월 모유 수유하셔도 되고, 아예 안 해도 상관없습니다. 왜냐하면 모유 수유와 지능은 별 상관이 없기 때문입니다.

IQ가 10이나 차이 나는데 무슨 소리냐, 하는 분들 계실 겁니다. 맞습니다. 모유 7~9개월 먹은 아이들이 성년이 되었을 때 지능이 더 높게 나온 것은 사실입니다. 하지만 이들의 지능이 높은 것은 모유 때문이 아닙니다.

사실 이 연구 결과는 꽤 중요한 오류를 포함하고 있습니다. 이 연구는 덴마크에서 1959~1961년 사이에 출산한 엄마와 아이를 대상으로 시행되었는데, 당시에는 엄마의 학력수준과 소득수준이 높을수록 모유 수유 기간이 길었습니다.

높은 학력수준의 엄마에게서 지능 좋은 아이가 태어나고, 높은 소득수준 덕분에 양질의 교육을 받았을 테니, 그 아이들이 27년 후 치른 지능 검사 점수가 잘 나올 수밖에 없지 않았을까요? 그게 과연 모유 수유 영향일까요?

앞서 9개월 이상 모유 수유한 아이의 지능은 7~9개월 수유한 아이보다 더 낮았다고 말씀드렸는데, 그 결과 역시 같은 이유 때문이었습니다. 9개월 이상 모유 수유한 엄마군의 교육정도와 소득수준이 7~9개월 엄마들보다 낮았거든요. 그들의 교육정도와 소득수준은 2~3개월 모유 수유한 엄마들과 비슷했습니다.

그렇다면 2~3개월 모유 수유한 아이들의 지능은 얼마였을까요? 궁금하시죠? 그 아이들의 평균 지능은 101.7이었습니다. 9개월 이상 모유 수유한 아이들의 평균 지능인 102.3과 정말 비슷하네요. 엄마의 학력과 소득수준으로 지능이 결정된다고 봐도 무방한 결과인데요?

어떠신가요? 모유 수유가 과연 아이의 지능에 영향을 준다고 봐야 할까요? 일말의 의구심이 남는다고요? 좋습니다. 그렇다면 대규모 연구 결과 하나를 더 소개해드리겠습니다.

지능에는 유전과 전반적 환경의 영향이 너무나 크기 때문에, 이를 배제하고 순수 모유의 영향을 알고자 하는 연구가 시행되었습니다. 바로 한 가족 내에서 모유를 먹고 자란 아이와 그렇지 않은 아이를 비교한 것이죠. 이를테면 첫째는 모유를, 둘째는 분유를 먹고 자란 집에서 첫째와 둘째의 지능을 비교해본 거예요. 결과는요? 예상대로 모유를 먹든 안 먹든 지능의 차이는 없었다더군요.

지능은 후천적인 영향을 받는 것이 사실이지만, 지능을 올리는 특별한 요소가 따로 있지는 않습니다. 정규교육을 제대로 이수하고 만성적인 스트레스에 노출되지 않도록 노력하면 됩니다. 이외에 다른 것은 별 효과가 없어요.

또한 우리 삶을 지능지수가 결정하는 부분은 굉장히 적습니다. 지능 검사는 뇌 기능의 일부만 평가할 뿐이지요. 지능 검사를 통해 단기 기억력, 집중력, 판단력, 추리력, 어휘력 등을 알 수 있는데, 이 기능들은 주로 학습능력과 관련이 있습니다. 즉, 학교 공부를 잘할 가능성이 있는가를 보는 데는 좋습니다. 하지만 정말 중요한 '학업성취도'는 IQ보다 인내심, 학교생활에 대한 흥미, 공부에 대한 의지가 더 결정적인 역할을 하는 것으로 알려져 있어요. 우리도 경험으로 알고 있지요. 머리는 좋은데 공부는 못 하는 친구.

종합하면, 지능이 좋아지는 마법의 도구는 없으며 설령 IQ가 미미하게 높아진다 하더라도 인생이 달라지지는 않습니다. 아이의 삶에서 진짜 중요한 즐거운 마음, 편안한 환경에 집중하세요. 그게 남는 겁니다.

불안ZERO

자신감UP

사랑UP

스트레스ZERO

화ZERO

훈육ZERO

평등심ZERO

미래소망UP

자존감ZERO

3장

# 제로 육아로
# 훈육을 바꾸다

# 훈육은
# 최소한으로 줄이세요

훈육은 다른 사람들과 어울려 살 수 있도록 규칙을 알려주는 거예요. 아이가 혼자 무인도에 살 예정이라면 훈육 따위 필요 없겠죠. 아무 때나 소리를 지르든 펄쩍펄쩍 뛰어다니든 뭔 상관이겠어요. 하지만 사회에서 살아가려면 이런 행동들은 하면 안 되잖아요. 이걸 가르쳐주는 겁니다.

근데 이게 참 어려워요. 철없이 날뛰는 천둥벌거숭이를 인간으로 만들려면요. 위험하다 해도 뛰어다니고, 조용히 하라고 해도 소리 지르고, 아무리 지적해도 하지 말라는 건 다 합니다.

가르쳐주면 또 제대로 따르지도 않죠. 말귀 못 알아듣고 다 자기 맘대로 하겠다고 버텨요. 누가 이기나 기싸움이 벌어지기도 하고요. 그러다 부모든 아이든 어느 한쪽의 분노가 폭발하면서 눈물 바다로 끝나는 경우도 많지요.

가르쳐야 할 게 한두 가지가 아닌데, 이렇게 매번 힘들어서야 부모 자식 사이 갈라지게 생겼잖아요. 따라서 훈육은 최소한으로 줄이는 게 좋습니다. 훈육할 목록, 훈육 방법 모두 포함해서요.

먼저 훈육할 것, 하지 않아도 될 것 목록을 정해볼게요. 판단 기준은 간단합니다. '남에게 피해를 주는가?' 여기에 해당되면 훈육할 것, 아니면 조언(잔소리)할 것, 이렇게 분류하시면 됩니다.

예컨대 남을 때린다, 실내에서 뛴다, 식당에서 돌아다닌다, 소리를 지른다, 이런 것들은 다른 사람에게 피해를 주죠. 훈육할 일입니다. "하면 안 돼"라고 말해줘야 할 것들입니다.

하지만 남에게 피해를 끼치는 일이 아니라면, 예를 들어 아이에게 숙제하라고 할 때는 "너 숙제할 거 있다." 이 정도로 말해주세요. "숙제해야만 해! 안 하면 안 돼!" 이렇게 말고요.

한편 훈육할 문제라도, 훈육하지 않고 해결할 수 있으면 가장 좋습니다. 아이를 바꾸는 게 아니라 상황을 바꿔서요. 구체적으로 설명해볼게요.

길 한복판에 못이 하나 박혀 있다고 가정해봅시다. 이것 때문에 사람들이 계속 걸려 넘어져요. 생각해볼 수 있는 해결법은 뭘까요?

① 못이 있는 현장에 사람을 두고 "못이 있으니 주의해서 걸으시오"라고 행인들이 지나갈 때마다 외친다.
② 못 주위에 울타리를 쳐서 접근하지 못하게 한다.
③ 못을 뽑는다.

가장 좋은 방법은 ③이겠죠. 그럴 수 없는 상황이면 ②가 좋고요. ②가 불가능하면 ①을 선택해야 할 겁니다.

여기서 훈육은 ①입니다. 제일 번거로운 해결책이에요. 그러니까 훈육할 필요조차 없도록 상황을 정리합시다. ②와 ③을 최대한 활용해서요. 아이가 뛰어다닌다면, 뛰어도 괜찮은 환경으로 생활을 바꾸는 거죠. 조금 감이 잡히시나요?

왜 이렇게 훈육을 최소한으로 줄이라고 강조하냐면, 대부분의 행동이나 생활 습관은 시간이 지나면 저절로 해결되는 경우가 많거든요. 아이들의 뇌가 자라면서 참는 법도 배우고, 마구 돌아다니는 일도 줄어들어요. 지금 당장 버릇없어 보인다고 영원히 그렇게 구는 것은 아니라는 말입니다.

따라서 굳이 말귀도 못 알아듣는 아이를 앞에 두고 힘 빼실 필요가 없어요. 노력해봤자 별 소용도 없고요. 육아 지침에 보면 온갖 '말 잘 듣게 하는 법'이 있잖아요. 그런 거 백번 시도해 보시면, 어차피 우리 아이한테 안 통한다는 걸 깨달으실 거예요. 오늘 눈물 콧물 흘리며 훈육해도 내일 똑같은 일이 또 벌어집니다. 왜냐고요? 아이는 아직 어리니까요. 머리가 자랄 때까지는 어쩔 수 없습니다.

또 다른 이유는, 훈육하다가 아이를 다치게 할 수가 있어요. 아이가 얌전히 예의 바르게 행동할 때 훈육하는 게 아니잖아요. 내 눈에 거슬릴 때 지적한단 말이죠. 그럼 나도 모르게 얼굴이 험악해지고 경고의 눈빛을 쏘게 됩니다. 거기서 끝나는 게 아니라 화내고 소리를 지르고 때릴 수도 있어요. 이런 일이 발생할 가능성 자체를 줄이자는 겁니다.

제 말에 동의하시나요? 그렇다면 앞으로 이 장에서 훈육을 피하는 방법을 차근차근 알려드리도록 하겠습니다.

# 훈육 전, 꼭 알아야 할 아이들의 특성

　평소에는 얌전한 아이도 어느 순간 미운 짓을 할 때가 있습니다. 아이가 블록을 바닥에 던지는 상황을 가정해보죠.

　"블록 던지지 마. 아랫집 사람들 시끄러워."

　이 한마디에 "네." 하고 평생 안 던지면 얼마나 좋겠습니까? 하지만 꿈에서도 이렇게는 안 풀려요. 내 말을 콧구멍으로 들었는지 다시 던져요. 두 번 던져요.

　자, 우리의 머릿속엔 이 말이 장전됩니다. '엄마 말이 말 같지 않아! 너 어제도 블록 던져서 혼난 거 기억 안 나? 도대체 몇 번

190

을 말해야 알아들어? 혹시 일부러 그러는 거야? 그 블록에서 손 떼지 못해?'

발사할까 말까 고민하고 있는 사이, 아이가 블록을 다시 집어 던집니다. 이제 우리는 아이의 손목을 그러쥡니다.

"던지지 마."

"(하나, 둘, 셋) 으앙~!"

역시나 오늘도 눈물 콧물 범벅으로 끝나네요.


훈육을 하다 보면 이런 상황을 수도 없이 겪게 되죠. 여기서 부모와 아이가 '누가 이기나 보자. 내 말을 들으라고!' 버티기에 들어가면, 기분이 똥 같은 시간을 마주하게 됩니다.

육아가 힘들긴 하지만 그래도 다른 것은 그럭저럭 해낼 만한데, 훈육은 정말 어려워요. 저도 그랬거든요. 육아서를 읽고, 〈우리 아이가 달라졌어요〉 프로그램을 보고, 선배들의 조언을 찾아 따라 해봐도 잘 안 되더라고요.

여러분도 그러시다면, 잘 오셨어요. 제 경험 나눠드릴게요. 이제부터 쉽게 훈육하는 방법을 찾아볼게요. 지피지기면 백전백승이라고, 저들이 왜 이렇게 말을 안 듣는지 그 이유부터 파헤쳐보겠습니다. 그들의 일곱 가지 특성 나갑니다.

① 고집이 더럽게 세다.

② 쉽게 화를 낸다.

③ 길에서 울고불고 바닥에 드러눕고, 부끄러움은 나의 몫이다.

④ 아무리 하지 말라고 해도 오늘 또 저런다.

⑤ 아무리 하라고 해도 오늘 또 안 한다.

⑥ 말보다 눈물(주먹)이다.

⑦ 일부러 말을 안 듣는 것 같다.


어떠세요? 이 정도면 대충 다 쓴 것 같죠?

충동조절을 못 하고, 집중력이 떨어지고, 언어능력도 떨어지고… 어이쿠, 전두엽이 손상된 환자가 보이는 증상과 같네요. 치매환자요. 허허, 제 전공이 치매인데 이걸 연결 못 하고 있었군요.

아이들이 위와 같은 특성을 보이는 것은 전두엽 발달이 완성되지 않았기 때문이지요. 이런 아이들을 바꿔보겠다고 열 냈던 지난 시간들이 주마등처럼 스쳐 지나가더라고요. '나 그동안 뭐 한 거니.'

아이는 자기 수준에서 최선을 다하고 있었나 봐요. 일부러 말 안 듣는 게 아니고요. 서른 번 말해도 안 고쳐지는 건 당연한 일이었어요. 우리가 훈육한다고 아이의 뇌가 하루아침에 발달할 리 없으니까요.

재들도 야단맞고 싶어서 일부러 저러겠어요. 혼나는 게 좋은 사람이 세상에 어디 있어요. 그것도 제일 잘 보이고 싶은 부모한테요.

간혹 아이들의 문제 행동을 '부모에게 관심 끌고 싶어서 그런다'라고 해석하기도 하는데, 저는 개인적으로 그 가설을 믿고 싶지 않아요. 관심 끌려고 일부러 나쁜 짓하는 건 인격장애가 있는 소수 어른들뿐이에요. 재들은 그저 자기 뇌가 시키는 대로 할 뿐이라고요.

그러니까 우리 훈육하다 열 내지 말아요. 화내봤자 아무 소용 없잖아요. 아이는 안 하는 게 아니라 못 하는 겁니다. '클 때까지 어쩔 수 없다'고 이해해주세요. 물론 쉬운 일은 아닐 테죠. 저 역시 매일같이 천당과 지옥을 오가고 있으니까요. 그래도 우리가 이해하고 맞춰줘야지 어쩌겠어요. 전두엽이 덜 발달한 자들인 걸요.

# 아이의 뇌는
# 어른과 다릅니다

아이와 우리는 정말 다릅니다. 생긴 것은 그나마 비슷한 편에 속해요. 누가 봐도 엄마 아빠 닮은 걸 알 수 있잖아요. 그런데 내 새끼지만 행동은 누굴 닮았는지 도저히 알 수 없는 경우가 많습니다. 대체 머릿속에 뭐가 들어 있는 건지 궁금해 미칠 것 같은 순간들이 가득하죠.

왜 저들은 한번 떼쓰면 멈출 줄을 모를까요? 툭하면 오열하고 우는데 어쩌면 이렇게 눈물이 헤플까요? 결과는 생각하고 행동하는 걸까요? 매일 혼나는데도 계속 반복하는 것은 일부러 그런 걸까요? 나를 미치게 하려고?

일단 답부터 먼저 드리겠습니다. 왜 아이들은 어른과 다르게 행동하는가. 그것은 그들의 뇌가 우리와 다르기 때문입니다. 태어난 날부터 25년의 시간이 흘러야 이들과 우리의 뇌는 같아집니다.

25년이라니 믿기지 않으시죠? 여섯 살만 되어도 다 키운 것 같은데요. 맞습니다. 여섯 살이 되면 뇌의 무게가 어른의 95퍼센트까지 늘어납니다. 대부분 다 자라죠. 운동 기능과 언어 기능은 겉보기에 거의 어른 수준입니다. 하지만 인간으로서 정말 중요한 기능은 한참 지난 후에야 완성됩니다.

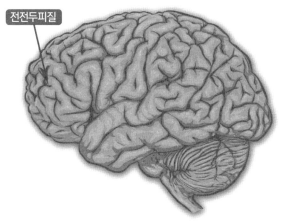

감정 및 충동을 조절하는 전전두피질

특히 감정 및 충동조절, 행동의 결과 예측, 상황을 종합하여 판단하는 능력, 목표에 집중하는 능력 등을 관장하는 전전두피질Prefrontal Cortex은 사춘기가 지나도록 기능이 완전하지 않습니다. 청소년기 아이들이 감정적으로 휩쓸리고, 나쁜 결과가 예상됨에도 충동적으로 비행을 저지르기 쉬운 것은 이 때문입니다.

20대가 되어도 그렇습니다. 자동차 보험료가 20대 초반과 후반이 다른 데에는 분명한 이유가 있습니다. 20대 초반은 과속, 신호 위반으로 사고율이 훨씬 높거든요.

스무 살도 이럴진대 어린아이에게 "결과를 생각하고 행동해라", "넌 왜 이렇게 참을성이 없니?", "왜 맨날 우니? 앞으로 차분히 말해봐"라고 아무리 얘기해도 내일이면 다시 똑같은 일이 벌어지는 게 당연하겠지요.

어떠신가요? 이제 이들의 행동이 조금 이해되셨습니까? 오늘부터 완성된 자 입장에서 미완성인 자들을 관대하게 대할 수 있겠습니까?

아마 쉽진 않을 겁니다. 머리로는 이해해도 가슴에서 울컥하는 순간들을 막기 어려울 거예요. 고집 세고, 마음대로 행동하고, 툭하면 짜증 내고, 하지 말라는데도 계속하는 사람을 수발

하는 일은 쉽지 않습니다. 누구나 화가 나요.

하지만 그럴 때마다 이 사실을 한번 생각해보세요. 상황은 바뀐다는 것. 언젠가 우리도 고집이 세지고, 화를 벌컥벌컥 내고, 부적절하게 행동하는 때가 옵니다. 치매 말입니다. 그때 내 아이가 나를 어떻게 대해줬으면 좋겠는지 떠올려보세요. 나의 부족함을 받아주고 이해해주고 배려해주길 원하겠지요? 그렇다면 우리도 아이에게 그렇게 대해줍시다.

# 느긋하게 훈육해도 괜찮아요

훈육은 언제 시작하면 좋을까요? 24개월? 36개월?

이런 얘기 많이 들어보셨을 거예요. "36개월까지는 훈육을 해도 효과가 없으니, 그 이전에는 훈육하지 마라."

전 이걸 보고 '오~ 그럼 36개월부터 훈육하면 되는구나! 좋았어. 아들, 내가 36개월까지는 봐준다. 너 그 이후부터는 어림없을 줄 알아'라고 생각했어요.

그리고 이대로 했죠.

잘됐을까요?

결론부터 말씀드릴게요. 36개월도 빠르더군요.

여기서 빠르다는 건요. 훈육의 시작 타이밍으로 36개월이 빠르다는 의미가 아니에요. 훈육을 해도 효과가 없는 건, 36개월이 되어도 마찬가지라는 뜻입니다. 36개월이 지나도 아이들은 말을 잘 못 알아듣더라고요.

저는 36개월이 되면 말이 좀 통할 줄 알았거든요. 그때쯤 말을 또 야무지게 잘하니까, 제 말을 다 이해할 수 있을 거라고 생각했어요. 그래서 하지 말랬는데 계속하는 아이를 보며 '알면서도 저러는구나!' 하는 생각에 얼마나 화가 났는지 몰라요. 서른 번 말해도 또 그러는 걸 보면서 '애는 혹시 나를 괴롭히려고 세상에 나온 건가' 하고 진지하게 고민할 정도였지요. 첫째를 엄청 야단쳤습니다.

둘째를 키워보니 알겠더라고요. 세 살 때는 그저 '아기'라는 걸요. 만 네 살 넘어가야 겨우 말귀를 '조금' 알아듣더라고요. 첫째한테 너무 미안했어요.

여러분은 저와 같은 시행착오 하지 않길 바랍니다. 일부러 안 듣는 게 아니고 못 알아듣는 거예요. 우리가 외국에 나가서 아르바이트 한다고 생각해보세요. 사장님이 맨날 "너 왜 시키는 대로 안 해!" 하고 혼내면 얼마나 억울하겠어요. 그거랑 똑같아요. 쟤들 우리말 잘 못해요. 저들의 사정이 조금 이해되시나요?

'그럼 대체 언제부터 훈육을 해야 하죠? 18개월 아이가 할퀴고 때리는 걸 참고 보라는 말인가요? 심지어 36개월도 빠르다고요?' 하고 의문이 드는 분 계실 거예요. 그렇죠?

음, 이건 훈육의 정의가 모호해서 발생하는 혼란인 것 같아요. 잘못된 행동을 하면 당연히 그때그때 지적해야죠. 아주 어린 아이라도요. 36개월, 48개월, 이런 숫자는 '아직 어려서 말이 안 통하니 훈육 시 참고해주세요' 정도로 이해하시면 되겠습니다.

<u>본격적으로 아이를 훈육하는 시기란 따로 있지 않아요.</u> 10개월 아이라도 밥 먹다 숟가락을 던지면 "던지지 마", 18개월 아이라도 할퀴고 때리면 "할퀴지 마, 때리지 마" 하고 가르쳐줘야 합니다. 대신 아이들은 잘 못 알아듣고, 들었어도 충동조절이 안 되고, 매일 까먹으니 오백 번 반복해야 할 뿐이죠.

네. 오백 번이요. 어쩌면 더요. 한 가지 행동 고치는 데 1년 걸릴 수도, 2~3년 걸릴 수도 있어요. 사람 행동 바꾸는 데는 그만큼의 노력이 들어요.

뭐 이렇게 오래 걸리는가 싶으시죠? 그런데 이 정도면 빨리 바뀌는 거예요. 우리 같은 어른은 2~3년 안에 안 바뀌어요. 10년

200

전부터 해왔던 다이어트가 성공하던가요? 많이 먹지만 않으면 되는데, 이 간단한 것을 10년 노력해도 못 바꿉니다.

아이한테 화가 나도 소리 지르지 말고 침착하게 말하라고 하시죠? 한데 우리는 화 잘 참습니까? 못 참아요. 매일같이 밤마다 후회하고 눈물짓고 다짐해도 다음 날 또 소리 지르는 나를 발견해요. 이것도 몇 년간 안 고쳐져요. 이처럼 행동을 바로잡는 건 정말 어려운 일이에요.

그러니까 우리, 육아서대로 안 된다고 조급해하지 말아요. 오백 번은 말해야 겨우 좋아집니다. 원래 그래요. 화낼 필요 하나 없어요. 느긋하게 가르쳐도 괜찮습니다. 아니, 꼭 느긋하게 훈육하세요.

## 따스하고 단호한 훈육은
## 어떻게 하는 걸까요?

훈육은 어떻게 하면 될까요?

"따스하고 단호하게."

많이 들어보셨을 거예요. 이렇게 하면 된대요. 근데 있죠. 이 거 대체 어떻게 하라는 걸까요?

저 진짜 훈육할 때 이게 제일 어려웠어요. 따스하게 훈육하자 니 내 말을 우습게 듣는 것 같고, 단호하게 훈육하자니 심하다 싶을 정도로 야단치게 되는 거예요. 훈육을 시작했다 하면, "너 엄마가 화내기 전에는 왜 말을 안 듣는 거야? 꼭 소리쳐야 듣는 거야?" 이렇게 대부분 소리 지르고 끝났지요.

이렇게 엉망진창으로 훈육에 실패한 날은 마음이 지옥이잖아요. 아이가 잠들면 남편과 답 없는 토론을 이어갔어요.

"훈육은 어떻게 해야 돼? 어쩌면 저렇게 말을 안 듣는 거야? 혹시 더 화내야 하나? 어디까지가 단호한 거고, 어디부터가 혼내는 거야? 따스하고 단호한 훈육이 과연 가능하긴 한 거야?"

몇 년간의 논의 끝에 세 가지 대응책을 찾아냈습니다. '따스하고 단호한 훈육이 뭘까' 답 찾는 분들 이리 오세요. 제가 감 잡을 수 있게 도와드릴게요.

첫째, 말에서 영혼을 뺍시다.

아무래도 내 자식 일이라면 감정적이기 쉽잖아요. 감정을 조절하려면 내 아이가 아니라고 생각해야겠더군요. 지인들 조언에 따라 '남의 집 아이', '직장 상사 아이'라고 상상해보았습니다. 처음 몇 번은 실제로 도움이 됐어요. 하지만 시각을 무시하긴 어렵죠. 곧 '내 아이'로 보여서 이 방법이 통하지 않았습니다.

다음엔 제가 변하는 방법을 모색했어요. 그 끝에 답을 찾았지요. '손님을 응대하는 영혼리스 점원' 딱 여기에 들어맞는 롤모델이었어요. 전 이게 더 도움이 되더라고요. 제가 영혼이 없고

픈 건(영혼이 나가 있는 건) 변하지 않는 사실일 테니까요.


둘째, 배울 때까지 반복해서 말해요.

앞 장에서 말씀드렸죠. 오백 번입니다. 언제까지요? 군대 갈 때까지요.


셋째, 그래도 안 되면 훈육 자체를 유보해요.

훈육하다 내가 미쳐버릴 것 같다면 훈육을 멈추세요. 중간에 멈춰서 아이 버릇 나빠질까, 걱정하지 마세요. '일관성 없는 훈육'은 이런 때 쓰는 말이 아닙니다. 하지 말라고 얘기했으면 이미 훈육한 거예요.

'하지 말라'고 했는데도 아이가 계속하면, 그 행동을 아예 할 수 없도록 상황을 바꾸면 됩니다. 밥 먹다가 문제가 생겼다? 밥상을 치우세요. 블록을 집어던졌다? 블록을 치우세요.

"앞으로 다시는 하지 않겠습니다." 오늘 내에 서약받을 필요 없어요. 가볍게 훈육해도 괜찮아요. 오늘 잘 안 됐어도 앞으로 사백구십 번 기회가 있잖아요.

대부분의 문제들은 크면서 자연스럽게 좋아집니다. 어른이 밥 먹다 돌아다니는 것 못 보셨잖아요. 식사 시간이 얼마나 즐거워요. 2시간도 앉아서 먹을 수 있죠. 조금 크면 훨씬 쉽게 가르칠 수 있어요.

넷째, 꽃으로도 때리지 말아요.

훈육할 때 지켜야 할 단 하나의 원칙이 있다면 바로 이거예요. 아이에게 상처 주지 않는 것.

남에게 피해 주지 않도록 규칙을 가르치는 게 훈육이잖아요. 그럼 가르치는 사람도 아이에게 피해를 주면 안 되겠죠.

우리가 아이에게 소리치지 말라고 한다면, 우리도 아이에게 소리치지 말아야 합니다. '다른 사람을 때리지 말라'는 원칙은 누구에게나 똑같이 적용되어야 해요. 아이가 부모를 때리면 안 되는 것처럼 부모도 아이를 절대 때리면 안 돼요. 사랑의 매란 없어요. 때렸으면 때린 겁니다.

훈육을 하다 보면 별 희한한 일이 다 벌어지죠. 실실거리면서 하지 말라는 것 계속하고, 다른 데 쳐다보고, 심지어 콧노래도 흥얼거려요. 부모 머리 뚜껑 열리는 일은 다 한다고 보시면 돼요. 누가요? 문제아가요? 아니요. 모든 아이가요. 우리 집 애들도 그래요!

아이가 진지한 표정으로 묵묵히 듣다가 "네, 알겠습니다. 죄송합니다." 할 리 없어요. 제가 말씀드렸잖아요. 아직 어리다고요. 아이들은 죄송한 게 뭔지도 잘 몰라요.

지금 부드럽게 대하면 앞으로 고민할 게 하나 없습니다. '평생 아이를 때린 적 없다'는 사실이 나중에 가장 큰 무기로 쓰이거든요. 예를 들어 오빠가 동생을 때려서 훈육할 때를 가정해볼게요. "동생이 기분 나쁘게 굴어서 내가 발로 찬 거야." 이 말에 "그럼 엄마도 기분 나쁘면 너 차도 돼? 엄마가 너 때린 적 있어?" 한마디로 제압할 수 있지요.

어떠세요? 따스하고 단호한 훈육, 이제 감 잡으셨나요?

# '생각하는 의자?' 타임아웃 하지 마세요

타임아웃<sup>Time Out</sup>은 아이가 문제 행동을 일으켰을 경우 잠시 격리하는 훈육방법입니다. 예컨대 아이가 흥분해서 소리를 지르고 공격적인 행동을 했을 때, 5분간 방 안에 들어가 있도록 하는 거예요. 의자에 앉혀두고 뭘 잘못했는지 생각하라는 '생각하는 의자'도 타임아웃의 일종이죠.

이 방법은 아이의 흥분을 가라앉히고, 앞으로 같은 행동을 반복하지 않도록 하는 효과를 기대할 수 있습니다. 더불어 부모역시 안정될 시간을 확보해, 아이를 과하게 혼내지 않을 수 있겠지요.

참 이상적인 방법이죠? 근데 실전에서는 이렇게 안 됩니다. 일단 아이가 방으로 안 들어가요. 이때부터 부모는 멘붕에 빠집니다. 그리고 이야기는 산으로 흘러가지요.

1단계. 부모가 인상을 구깁니다. 아이를 강제로 방으로 질질 끌고 갈 순 없으니까요. '좋게 말할 때 방으로 들어가자' 하는 눈빛을 슝슝 쏩니다. 여기서 아이가 움직이면 좋은데 어라, 애도 한번 해보겠다고 버티는군요.

2단계. 눈싸움에 들어갑니다. "방으로 들어가라고!" 단호하게 한번 외쳐줘요. 겉으론 센 척하지만 마음속은 초조합니다. 여기서 물러서면 죽도 밥도 안 되니까요. 좀 더 얼굴을 구겨보아요.

3단계. 결국 방으로 질질 끌고 가는군요. 아이는 버티고, 부모는 화내고, 진흙탕입니다. 이쯤 되면 누가 애인지 모르겠죠. 자존심 싸움으로 번집니다. "너, 방에 안 들어가면 집 밖으로 내쫓을 거야!" 할 말 안 할 말 다 쏟아져요.

상상만으로 끔찍하네요. 혹시 여러분도 경험해보셨나요? 만약 그렇다면 우리 일단 눈물 좀 닦고 가요. 저는 개인적으로 이 과정을 수차례 겪었기 때문에 타임아웃은 추천드리지 않습니다.

사실 타임아웃은 제대로 실행하기가 너무 어렵습니다. 정신과 병동 같은 곳에서도 하기 힘들어요. 흥분한 환자를 격리하려면 장정 3~4명이 붙어야 겨우 통제 가능하거든요. 아주 어려운 상황에서는 환자의 양팔과 다리를 들고 옮겨야 할 때도 있죠. 한데 엄마 혼자서요?

무엇보다 타임아웃은 아이들이 제일 하기 힘든 걸 시키는 거예요. 가만있으라니요. 하루 종~일 뛰어다니는 애들한테요. 우리에게는 조용히 앉아 있는 게 별것 아니지만 아이들에게는 미션 임파서블입니다.

운 좋게 타임아웃이 잘 진행된 날에도 "엄마, 화장실 갈래", "엄마, 너무 목이 마른데" 하며 계속 간을 봅니다. 과연 반성을 하긴 하는지 그 효과가 의심스럽지요. 아뇨, 의심스럽지 않네요. 반성할 리가 없죠.

우리도 알잖아요. 중학생 시절 교실에서 떠들다 뒤로 나가 손들고 서 있을 때, '앞으로 절대 수업 시간에 떠들지 말아야지.' 하고 반성했나요? 아니죠. '어떻게 하면 선생님한테 안 걸리게 잠시 손 내리고 있을까' 이런 생각이나 하면서 시간 때웠지요.

다 큰 중학생도 그러는데, 아이가 뭐 그리 반성하겠어요. 딴생각하거나 멍하니 있거나 둘 중 하나일 겁니다.

종합하면 효과는 별로고, 노력은 많이 들며, 성공 가능성도 낮다는 거잖아요. 할 이유가 없네요.

그냥 오늘부터 하지 맙시다. 제가 스무 번도 넘게 실패해봤어요!

# 남을 때리는 아이, 어떻게 다뤄야 할까?

단 하나의 행동만 훈육하라고 한다면 '남 때리기', 저는 이걸 선택하고 싶습니다. 아마 여러분도 그렇게 생각하실 거예요. 사회생활의 기본이니까요.

그런데 이 때리는 버릇이 참 고치기 어려워요. 어쩌면 이렇게도 말보다 주먹이 먼저 나가는지 모르겠어요. 수백 번을 말해도 그런단 말이죠.

문제는 어렵지만 해결방법은 간단합니다. 만약 아이가 누구를 때렸다, 그러면 구구절절 설명할 필요 없이 "때리지 마." 이

한마디만 하시면 됩니다.

　장난인 줄 아는지 계속 때린다고요? 이럴 땐 무표정하고 건조하게 "때리지 마. 그럼 이거 그만할 거야"라고 말해주세요. 핵심은 '건조하게'예요. 눈빛으로 레이저를 쏠 필요 없습니다.

　그래도 다시 때린다, 그럼 삼진 아웃이죠. '너는 아직 인간이 아니구나' 여기시고 다른 판으로 바꾸면 됩니다. 하던 일을 멈추고, 관심을 돌리세요. "안 되겠다. 이거 그만하자."

　여기서 울고불고 난리 치면 "때리면 그만한댔잖아"라고 말하고 아이를 안아 드세요. 그리고 뚜벅뚜벅 장소를 이동합니다. 건물 입구에서 진상을 상대하는 유능한 경비원처럼 행동하는 거예요. 흥분하지 말고 절도 있게 진상 손님과 함께 건물 밖으로 나갑니다.

　그리고 기억을 지우세요. 아무 일도 없었다는 듯 다시 손님을 맞이하세요. 화내실 필요 없어요. 화내서 뭐하겠어요. 하루 만에 버릇 안 잡혀요. 어차피 내일 되면 또 때려요. 말씀드렸잖아요. 아직 인간이 아니라고요. 무섭게 혼내도 똑같아요. 다음 날 또 해요.


　환장하겠죠? 언제까지 이렇게 버텨야 할지, 나아지기는 할지 걱정되실 거예요.

걱정 마세요. 답답하긴 해도 조금씩 좋아져요. "다른 사람 때리면 안 되잖아"라고 말했을 때, 나름 진지한 표정으로 듣기 시작하는 시기가 오거든요. 그때까지 위 과정을 영혼 없이 반복하시면 됩니다.

오호, 여러분의 희망이 샘솟는 소리가 들리네요. 말귀를 알아들으면 버릇이 잡힐 거라는 기대. 그러나 안타깝게도 그런 기적은 단박에 이루어지지 않습니다. 밀치고 할퀴고 주먹질하는 걸 참는 건 진짜 어려운 일이거든요.

때리면 안 되는 걸 모르는 사람이 세상에 어딨나요. 그래도 폭력사건은 벌어지잖아요. 여러분이 글을 읽고 있는 지금 이 순간에도 다 큰 어른들이 여기저기서 치고받고 있을걸요. 우리도 욱하면 손이 올라가는 걸 느끼잖아요. 손을 몸통에 붙이고 있으려면 엄청난 자제력이 필요하죠.

머리로 '때리면 안 된다'를 아는 것과 몸으로 익히는 데는 엄청난 시간차가 있어요. 거의 10년이 걸려요. 열 살, 여덟 살 먹은 우리 집 애들, 아직도 누가 때렸니 어쨌니 싸워요. 이틀에 한 번은 때리지 말라고 훈육해야 해요. 앞으로 4~5년 동안은 잔소리 계속해야 할걸요? (어떻게 아냐고요? 제가 남동생이랑 열네 살까지 징그럽게 싸웠거든요. 크크크.)

　훈육 중에 가장 오래 걸리는 종목인 것 같아요. 여러분 아이가 성격이 이상해서 안 고쳐지는 게 아닙니다. 원래 그래요. 그러니까 최대한 힘을 빼고 '될 때까지' 훈육하시면 되겠습니다.

# 집에서 뛰는 아이
## 훈육법

여러분은 아이가 어떤 행동을 할 때 가장 자주 거슬리나요?
전 아이가 집에서 뛰어다닐 때였어요. 덕분에 아이에게 평생 제
일 많이 해준 말은 이거였죠. "뛰지 마."

제 잔소리에 스스로 질려버릴 만큼 지적했어요. 하지만 아무
리 주의를 줘도 계속 뛰어다니더라고요. '내 말이 말 같지가 않
은가? 더 무섭게 야단을 쳐야 되나!' 진지하게 고민했습니다.

그래서 한때 무섭게 화도 내봤죠. 하지만 소용없더군요. 소리
를 빽 지르면 그들은 잠시 조용해졌다가 5분도 안 돼 어느새 쿵

쿵거리는 소리를 냈어요.

온종일 1년 365일 이러다 보니, 어느 순간 화내는 것도 너무 귀찮더라고요. 층간 소음 생각하면 그냥 내버려둘 수도 없고, 검색 끝에 알집매트를 샀습니다.

참 좋은 제품이었어요. 4센티미터 정도로 두툼한 매트라 발소리를 확 잡아주더라고요. 문제는 이게 당시 저희 형편엔 엄청 비싸게 느껴진 거였죠. 퀸 매트리스 크기에 18만 원 정도 했던 것 같아요. 가격의 압박에 한 개만 구비했는데, 애들이 그 안에서만 돌아다닐 리 없잖아요? 매트 위에서 쿵쿵거리는 느낌으로 맨바닥 위도 밟으시더라고요.

게다가 매트는 발꿈치 소리 정도는 막을 수 있을지 몰라도 우르릉 울리는 진동을 막기엔 역부족이었어요. 방법을 바꿔야 했습니다. 망가질 걸 각오하고 "소파 위에서 뛰어라." 했지요. 그런데 슬슬 아이들 몸무게가 늘어나니 소파도 우르릉 울리기 시작했어요.

이젠 방법 없죠. 집에서 뛰기 금지령을 내렸어요. 좀 컸으니 말귀를 알아들을 거라 기대했지요. 그러나 "엄마는 잔소리쟁이야!"라며 깐족거리는 기술만 늘었지 말귀 못 알아먹는 건 여전하더군요.

잔소리하지 말라고 저분들이 제게 잔소리를 해대니, '언제 단 한 번 강렬하게 '뛰지 마!'를 외칠까' 때를 노리고 있던 어느 날이었어요. 그들을 관찰하다가 한 가지 사실을 깨달았습니다. '애들은 정지, 아니면 뛰는구나. 걷기 모드 자체가 없구나.'

에너지가 넘쳐흘러 그런 건지 어쩐 건지. 업그레이드가 덜 되어서 아직 '걷기 모드'가 제대로 작동을 못 하는 건지. 어쨌든 아이들은 일단 일어서면 뛰더라고요.

그 뒤로는 화낼 일이 많이 줄었어요. 아이들을 얌전히 걷게 만들 수 있다는 기대를 버렸거든요. 그럼 힘 뺄 이유가 없잖아요.

뛰기 시작하면 이렇게 말해요. "뛰고 싶니? 나가서 뛰어라." 그러면 나갑니다. 날씨가 안 좋을 때(제가 귀찮을 때)를 대비해서 트램펄린도 샀지요. 애는 뛰어도 진동이 느껴지지 않더라고요. "뛰고 싶니? 트램펄린에서 뛰어라."

이렇게 대비를 해도 구멍이 있더군요. 아이들은 부엌에서 화장실까지 그 짧은 구간을 뛰어다닙니다. 이럴 땐 어떡하냐고요? 영혼 없는 호텔리어가 진상 손님에게 주의를 주듯 '뛰어다니시면 안 됩니다'를 반복해야죠 뭐.

여기서 "엄마가 집에서 뛰지 말라고 했어? 안 했어? 도대체 몇 번을 얘기해야 돼!"라고 화내지 않는 게 포인트입니다. 왜냐하면 이분들은 기억력이 거의 제로거든요.

'엥? 아이들이 기억력이 없다고요? 무슨 소린가요!' 이런 의문 드시겠죠? 맞아요. 기억력이 없는 건 아니에요. 평소에 '집에서 뛰면 안 된다'라는 문장은 기억하고 있습니다. 그러나 움직이려고 일어서는 순간 까먹어요. 가장 중요한 순간에 기억이 사라지는 거죠.

허허. 말하는 걸 들어보면 멀쩡히 다 생각이 있는 것 같다고요? 이게 참 안타까운 일인데, 저도 그것 때문에 아이들 어릴 때 화 많이 냈잖아요. 너무 똑똑해 보여서요. 아무리 봐도 다 알면서 뛰는 것 같았지요.

그런데 아니더라고요. 여러분도 경험해 보셨을걸요. 애들한테 "횡단보도 건널 때 차 오는 거 보고 천천히 가야 돼"라고 아무리 말해봤자 초록 불만 켜지면 그냥 직진하는 거요. 그 순간 아~무 생각 없는 거죠.

이들이 순간순간 까먹는 건 아직 뇌 기능이 발달하지 않았기 때문이에요. 그러니까 뛰지 말라고 얘기한 거 기억 못 한다고 화내봤자 무슨 소용이겠습니까. 또 화낼 일도 아니지요. 애들이 원래 그런걸요.

앞서 인간의 뇌 발달이 20대 초반까지 진행된다고 말씀드렸지요. 그런데 애들 몇 년 살았나요? 그래요. 뇌 기능이 완성되려면 한참 멀었겠죠. 그때까지는 어쩔 수 없이 매번 처음 본 듯 알려줄 수밖에 없어요.

잊지 마세요. 영혼 없는 호텔리어로 빙의하는 거예요.

"손님, 여기서 뛰시면 안 됩니다. 대신 거절할 수 없는 제안을 하죠."

# 목소리가 큰 아이,
# 특효약은?

우리 집 아이는 정말 목소리가 커요. 옆에 와서 소리치면, 제 고막이 손상되는 건 아닐까 진지하게 걱정될 정도예요. 이런 아이가 온 정성을 다해서 오열하면요, 혼이 나가요. 진짜예요. 이건 아이 외할머니도 저에게 증언한 바예요.

기차 화통 삶아먹는다는 표현이 있잖아요. 어쩜 애들은 이렇게 목소리가 클까요? 지하철 승강장에서 사는 기분이에요. 한 선배는 말했지요. "집에 들어갈 때마다 여기가 쥬라기 공원인가 싶다." 그는 사내아이 둘 키우는 엄마였습니다.

아이들이 시끄러운 건 당연하죠. 그럼요. 저도 어렸을 때 그랬을 테니까요. 문제는 이게 너무 심한 스트레스를 준다는 거예요. 종일 시끄러운 소음에 노출되면 화가 나 미쳐버릴 것 같잖아요. 오죽하면 제가 귀마개까지 샀겠어요.

수년간 고통 속에서 갖은 노력을 다 해봤어요. 아이들 목소리를 좀 줄여보려고요. "좀 조용히 하자." "그만 떠들어." 잔소리는 말할 것도 없고요, (아이들) 마음이 차분해진다는 음악을 구해서 틀어도 봤죠. 그러나 다 실패했습니다. 보니까 애들은 볼륨 조절이 안 되더라고요.

아이들은 기본적으로 어른보다 목소리가 훨씬 크다는 걸 깨달았습니다. "학교에서 친구들이랑 공기놀이 했다." 이런 평범한 얘기를 "엄마, 불 났어. 빨리 나와!" 이렇게 소리치듯이 하더군요. 일상 대화가 이럴진대 조금만 흥분해봐요. 감정이 폭발해요. 미친 듯이 웃다가 미친 듯이 오열하죠. 과장된 연기에 질식하는 건 부모의 몫일 뿐이었죠.

아이를 이해해줄 수밖에 없더라고요. 안 되는 걸 어쩌겠어요. 솔직히 저도 어렸을 때 목소리 엄청 컸거든요. 중학생 때 떠든다고 버스에서 혼난 적도 있어요(아주머니, 죄송합니다). 지하철에서 학생들 단체로 타면 '야, 쟤들 진짜 시끄럽다'고 느꼈던 경험

누구나 있을 거예요. 정신이 혼미할 정도로요.

하지만 이해는 이해고, 우리는 어쨌든 짜증이 나니 이 문제를 해결해보도록 할게요.

1단계. 목소리가 큰 아이라면 일단 귀 건강부터 확인해주세요. 노인분들이 난청 때문에 동네가 떠나가도록 소리 지르는 거 보셨죠? 아이도 그럴 수 있어요. 귓밥으로 귀가 꽉 막혔는지, 중이염 있는지, 이비인후과에 가서 먼저 확인해보세요.

다음 단계. 아이를 조용히 만들 수 있다는 기대를 포기하세요. 내 귀를 보호하는 방법만 생각하세요. 약국이나 문방구에 가면 스폰지 귀마개 살 수 있거든요. 우리가 독서실에서 쓰던 그 귀마개요. 응급상황에 그거 끼시면 됩니다. 무려 28데시벨을 차단해준다고 합니다. 오예!

날씨가 좋으면 밖으로 나가도 좋아요. 이때 킥보드나 모래놀이 도구를 챙겨 가시길 추천합니다. 아이와 머어어얼~리 떨어질 수 있는 훌륭한 아이템이지요.

그럼에도 불구하고 '왜 우리 아이는 이렇게 목소리가 큰 거야!' 하고 화가 난다면, 오후 1시 무렵 초등학교 교문에 한번 나가보세요. 온갖 괴성과 샤우팅을 접하게 될 것입니다. '아, 우리 애가 이상한 게 아니구나. 우리 애 정도면 조용할 수도 있겠구나.' 하는 희망을 얻으실 수 있습니다.

아이의 큰 목소리는 우리를 오랜 시간 괴롭힐 거예요. 하지만 특효약은 없습니다. 내 귀를 막고 "좀 조용히 해주세요"를 반복하며 버틸 수밖에요. 사춘기가 되기만을 기원합시다. 그때가 되면 아예 집에서 말을 안 한다더군요. 오예!

# 아이가
# 이유 없이 울 때

　우리가 아이를 키울 때 가장 위기인 순간은, 바로 이런 때일 겁니다. 밑도 끝도 없이 마구 울어델 때.

　사건은 항상 방심할 때 벌어져요. 대체 내가 뭘 잘못했는지 모르겠어요. 분명 5분 전까지 사랑스러운 아이였는데, 혼자서 으르렁거리더니 갑자기 분노가 화산처럼 폭발해요. 뭐라고 뭐라고 소리를 지르면서 막 드러누워요.

　'엄마는 내가 뭔 말하는지 몰라?' 이러는 것 같긴 해요. 하지만 다시 들어도 아이가 하는 말을 진짜 못 알아듣겠단 말이에요. 또박또박 말해도 알아들을까 말까인데, 오열하며 샤우팅하는 걸 어찌 알아들어요.

왜 우는지 알 수가 없으니 어떻게 대처를 못 하겠죠. 시간이 흐를수록 아이는 더욱 격하게 울어 젖혀요. 발을 구르고 머리를 땅에 받고 아아아악 괴성을 질러요. 우리는 이제 공황상태에 빠집니다. 공포영화도 이런 공포영화가 없어요.

이제 다음은 뭐다? 듣다 듣다 지친 우리는 "야, 쫌! 적당히 해!" 하고 소리를 버럭버럭 지릅니다. 엉망진창으로 사건이 흘러가요. 새하얗게 불태우다 어른이 정신 차리고 멈추든, 아이가 겁에 질려서 멈추든 어떻게 끝나긴 해요.

남은 건 폐허뿐이죠. 눈물 자국 가득한 아이 얼굴을 보면서 끝없는 자괴감에 빠져요. 오늘 또 아이 마음에 공감하지 못한 엄마, 인내심이라곤 없는 엄마란 걸 확인했어요. 문제는 내일 다시 똑같은 일이 벌어져도 나의 대처법은 나아지지 않을 것이란 거죠. 결국 절망하고 맙니다.

진짜, 이럴 때 우리는 어떻게 하면 좋을까요?

어떻게 해야 한다고 배우셨죠?

아마 육아지침서에는 이렇게 적혀 있을 거예요. ① 우는 이유를 파악한다. ② 이유에 공감하며 마음을 달래준다.

더없이 완벽한 해결법이에요. 여기에 누가 토를 달 수 있겠어요. 문제는 이게 너무 어렵다는 거예요. 일단 우는 이유를 파악하는 것부터 엄청 힘들어요.

신생아는 그나마 쉬운 편이에요. 똥 쌌거나 배고프거나 졸리거나, 이 세 가지 중 하나잖아요. 그래서 아기가 울면, 일단 기저귀 열어보고 먹이고 살살 달래서 재우면 대부분 해결돼요.

그런데 조금만 크면 어이쿠, 생각이란 걸 해요. 이들의 머릿속은 이제 파악 불가예요. 게다가 말 좀 할 줄 안다고 자기가 이미 어른이랑 동급인 줄 알아요. '인간 대 인간'의 의사소통을 기대한단 말입니다. 자기 어휘가 짧고 발음이 불분명한 데다 맥락 없이 막 던지는 건 생각 안 하고, 남이 못 알아듣는다며 화를 내요.

우리도 애가 평소에 말을 나불나불 잘하니까, 또 약간 과대평가를 합니다. 대화로 해결할 수 있다고 기대하는 거죠. 그래서 아이가 화내고 울 때 질문을 던져요.

"뭣 때문에 그래? 장난감 때문이야? 아니면 아이스크림? 더워서 그래? 졸려? 밥 차려줄까?"

다행히 첫 번째 질문에서 정답을 맞혔으면 그날은 성공이에요. 하지만 일은 항상 그렇게 돌아가지 않죠.

"아니야. 아니야. 아니야. 아니야. 으앙~!"

"야! 쫌! 적당히 해!"(도돌이표)

운수 좋은 어떤 날은 이유를 짐작할 수 있기도 해요. 자기가 좋아하는 물건을 쓰고 싶거나, 갖고 싶거나, 불쾌한 일이 있었거나, 그런 소소한 일들이요. 문제는 '왜 우는지 오케이, 알겠는데, 이렇게까지 난리 칠 일은 아니잖아!'라는 생각에, 내가 공감이 안 되는 거예요. 달래주고 싶은 의욕이 안 생기는 거죠.

그래도 억지로 기운을 내서 주위를 둘러보고, 영혼 없는 공감 멘트도 날려봐요. 저 자를 위해서가 아니라 내 정신건강을 위해서요. "우리 준서가 이것 때문에 속상했구나~"

허허허. 역시 티가 나나 봐요. 저 자가 내 본심을 바로 알아차려요. '엄마는 역시 내 맘을 몰라~!' 본격적으로 크게 울어 젖히기 시작해요. 내 노력에 대한 배려 따윈 없어요. 성대가 끊어져라 소리를 지릅니다. 저러다가 숨 넘어갈 것 같아요.

뭔 짓을 해도 결국 우리는 공황상태에 빠집니다.

"야! 쫌! 적당히 해!"(도돌이표)


우리는 '공감'이란 단어를 참 쉽게 쓰지요. 그런데 말이에요. 공감이 사실 진짜 어려운 겁니다. 어떤 때는 나도 내 맘을 모르겠는데, 남의 속을 어찌 금방 알 수 있겠어요. 게다가 말도 안 통하고, 막무가내로 성질 내는 상대방에게 공감해주기는 더 어렵겠죠.

이런 상황에서는 '아이 마음에 공감할 수 있다'는 기대를 버리는 게 낫습니다. 지금 아이는 머리에 불이 붙은 상태거든요. 머리에 불이 붙으면 어떻겠어요? 제정신이 아니겠죠.

그래서 성질 내는 아이한테 '왜 화났는지' 물어봐도 소용없는 거예요. 제정신이 아닌데 어떻게 대답을 해요. 공감 멘트도 마찬가지입니다. 제정신이 아닌데 무슨 말이 귀에 들어오겠어요. 우리가 아무리 머리를 쥐어짜가며 말을 예쁘게 해도, 우는 아이한테 안 먹힐 수밖에요.

그러니까 우리 이제, 우는 아이에게 말 그만 걸어요. 머리에 붙은 불부터 끄자고요. 이유를 묻고 공감을 하든, '앞으론 말로 해라' 타이르든, 그건 다음 문제니까요.

그럼 불 끄는 방법 한번 알아볼까요? 음… 답이 바로 안 떠오르시죠? 그래요. 저도 이 방법 찾느라 몇 년 걸렸습니다. 첫 애랑 시행착오 많이 했지요. 어설프게 달랬다가 버릇 나빠질까 봐 울다 지칠 때까지 내버려두고, 상처 주고, 아이도 울고, 나도 울고…. 그런데 허무하게도 답은 너무 쉬운 것이었습니다. 이미 제가 알고 있는 거였어요.

친구가 껵껵거리며 오열하고 있을 때, 우리는 무얼 하죠?

손을 잡아주고, 어깨를 감싸 안고, 다 울 때까지 옆에서 기다리지요. 그거면 되는 거였더라고요.

아이가 무작정 화를 내면, 그저 말없이 안아주세요. 진정될 때까지 따뜻하게 포옹해주세요. 많이 흥분한 상태여서 나를 밀어낼 경우에는 잠시 팔을 풀고 물러났다가 다시 안아주세요. 3번쯤 다가가면 대충 마음이 풀려요.

이때 절대 입을 열지 마세요. 이 과정에서 아무리 입을 열고 싶어도 꾹 참고 입을 꿰매세요. 딱 10분만요. 그것만 하시면 돼요. 항상 우리가 입으로 죄를 짓잖아요. 아이가 진정될 때까지 내가 말만 안 하면, 오늘 저녁 편안하게 잠드실 수 있어요.

아이가 소리 지르고 울기 시작하면, 곧 우리 머리에도 불이 붙어요. 나도 제정신이 아니게 됩니다. 그리고 결국 후회할 일을 저지르지요. 우리 이제 이렇게 흘러가도록 놔두지 말아요. 아직 애기잖아요. 그냥 바로 안아주세요.

# 떼쓰는 아이
# 대처법

떼쓰는 것만큼 부모를 미치게 만드는 것이 있을까요. 눈물 콧물에 샤우팅, 게다가 드러눕기까지 해봐요. 하하하… 상상만으로도 뒷목이 뻣뻣해지네요. 지난 날들이 주마등처럼 스쳐 지나가는군요.

이 문제는 누구에게나 고민일 것입니다. '대체 어떻게 해야 할지 감을 못 잡겠다' 싶으실 거고요. 그래서 준비했습니다. 떼쓰는 아이 해결법.

본격적으로 들어가기 전에, 이들의 특성을 먼저 짚고 넘어갈게요. 4가지 들어보겠습니다.

① 충동조절이 안 된다.
② 언어 기능이 떨어진다.
③ 집중력이 떨어진다.
④ 기억력이 떨어진다.

이 네 가지 특성 모두 우리를 힘들게 하죠. 하지만 한편으로 이 특성들을 잘 이용한다면, 아이들의 (진상)행동에 수월하게 대처할 수 있습니다. 한번 예를 들어볼게요.

아이와 함께 길을 가는데 노점상을 마주쳤습니다. 아이가 가보자고 해서 끌려갔더니, 역시나 사달라고 떼를 씁니다.

저 자의 특성상 하루 지나면 재미없다고 쳐다도 안 볼 게 뻔합니다. 재미있는 쓰레기를 또 살 순 없습니다. 우리는 "안 돼"라고 말합니다.

손을 잡고 바삐 걸어가려는데, 아! 그분이 멈춥니다. "싫어~ 나 이거 진짜 갖고 싶단 말이야~!"

머릿속에 경보가 울립니다. 빨리 이 상황에서 탈출해야 합니다. 일단 심호흡을 합니다. 내가 흥분하면 이 상황은 파국으로 치달을 테니까요. 그리고 차분한 목소리로 합리적인 설득을 시도합니다.

① 너는 이미 다른 장난감이 많다.
② 저번에 산 장난감도 며칠 안 가지고 놀았다.
③ 대신 엄마가 다른 거 해줄게. 어때?

하지만 아이의 반응은 변함없습니다. "엄마~ 사줘~ 으앙~! 나 집에 안 가~!"(댁이 뭐라고 하든지 내 알 바 아니고. 기억 안 나고. 그냥 이거 갖고 싶어. 이걸 갖고 말 거야.)

"…"(그녀, 이를 악문다. 할 말은 많지만 말하지 않겠다.)

이 뒷장면은 뻔하죠. 떼쓴다고 물건을 사줄 수는 없고, 달래봤자 소용없고, 애는 결국 드러눕고, 이걸 내버려둬야 되나 말아야 되나 시간은 흐르고. 게다가 집 안이면 떼쓰고 울어도 적당히 버틸 수 있지만, 여긴 사람들이 지나다니는 길이네요?

'쯧쯧… 저 엄마 불쌍하네', '저 집 애 유별나네' 동정하며 지나가는 시선이 느껴져요. 그뿐인가요. 가끔 "엄마가 애를 왜 울려~ 달래야지!" 하고 조언해주는 오지라퍼도 만날 수 있어요.

왜, 왜 내가 잘못한 게 된 거죠?

자, 일단 눈물을 닦고, 이 예제를 분석해봅시다. 왜 이토록 '이성적이고 합리적인' 엄마의 대응이 성공할 수 없었는지 살펴 봅시다.

이유는 두 가지 때문이었죠. 상대방은 ① 충동조절이 안 되고, ② 언어 기능이 떨어지니까요. 그래서 '안 돼'가 먹힐 리 없었던 거예요. '안 돼'라는 말은 충동을 조절하라는 건데, 아이들은 애초에 그게 안 되잖아요.

무엇보다 아이들은 여러분의 '말'을 잘 못 알아들어요. 실제 이들의 언어 기능은 보이는 것보다 상당히 떨어집니다. 말을 종알종알 잘하는 것처럼 보여서, 내 말도 잘 알아들을 거라 생각하면 오산이에요.

또한 말하는 내용 자체도 설득에 도움이 안 돼요. 다시 살펴볼게요.

① 너는 이미 다른 장난감이 많다.
② 저번에 산 장난감도 며칠 안 가지고 놀았다.

위 두 문장 모두 사실이에요. 거짓이 하나도 없죠. 그래도 상대방을 움직이는 데는 꽝이에요. 오히려 상대방에게 승부욕을 불러일으키죠.

상황을 바꿔서 생각해볼게요. 남편과 함께 마트에 가는 길이라고 상상해보세요. 가는 길에 이것저것 구경하다, 맘에 딱 드는 원피스를 발견한 거예요.

"여보~ 이거 되게 예쁘다. 그치~"

"당신 옷 집에도 많잖아."

"이런 옷은 없어." (와~ 이 남자 말 한번 이쁘게 하네.)

"전에도 이렇게 사놓고 안 입었잖아. 바로 저번에 산 거, 두 번은 입었어?"

"…" (이 남자가 지금 싸우자는 건가… 그래, 내가 자존심을 걸고 이 옷을 갖고야 말겠어!)

남편의 말들은 논리적으로 반박 불가예요. 하지만 가족은 감정적으로 질척거리는 사이잖아요. 진흙탕 같은 싸움으로 번지기 쉬워요. 친한 친구가 남편처럼 지적했다고 생각해봐요. 그래도 기분 별로잖습니까. '그래, 너 진짜 똑똑하다' 이런 마음만 들죠.

남편 말이 좀 재수가 없어도 '사실은 사실이니까', 여러분은 옷을 구입하지 않기로 마음을 다잡을 수 있어요. 어른은 충동을 자제하고 자기 고집을 꺾는 노력을 할 수 있으니까요.

그러나 아이들은 충동조절이 불가능하고 한번 꽂히면 빠져나오지 못합니다. 자, 그럼 어떻게 해야 할까요?

합리적인 방법이 안 통한다고 해서 미리 걱정할 필요는 없어요. 상대방이 합리적이지 않은 상태니까, 그 방법이 성공하지 않을 뿐이에요. 방법을 바꾸면 됩니다. 이들의 다른 특성, ③ 집중력이 떨어지고 ④ 기억력이 떨어지는 것을 이용해보자고요.

아이들은 새로운 자극이 나타나면 금세 산만해져요. 그리고 곧 이전에 있었던 일들, 즉 '자기가 뭘 하고 있었는지' 까먹죠. 따라서 아이가 A에 꽂혀서 떼를 쓰면, A를 눈앞에서 치우고 재빨리 B를 들이대면 됩니다.

구체적으로 그려볼게요.


"엄마, 나 이거(A) 갖고 싶어."

① 일단 아이를 안아 올립니다.

② "오, 이거 진짜 신기하네. 재밌겠다." (3초 쉰다)

③ "아 참, 주말에 수영장(B) 가고 싶다고 했었나? 아니면 다른 데 갈까? 가고 싶은 데 있어?"라며 아이를 안은 채로 장소

를 이동합니다. A가 있는 곳에서 멀리 멀리~

3단계에서 사용할 수 있는 다른 문장들은 다음과 같아요.

"아 참, 영호가(B) 일요일에 우리 집 놀러온댔나?"
"아 참, 오늘 점심때 칼국수(B) 먹고 싶다고 했던가?"

아이가 제일 좋아하는 장소, 사람, 음식을 문장에 넣어서 현혹시키는 게 팁!

간단하죠?

혹시 위에 쓰인 방법이 너무 임기응변으로 느껴지나요? 근본적으로 설득을 통해 합리적 판단력을 길러야 하는 것 아닌가 싶은가요? 이런 식으로 해결해 버릇하면 나중에 문제가 생기지 않을까 걱정된다고요?

그럼요. 당연히 그렇게 생각하실 수 있어요. 저도 사실 위 같은 방법을 처음 '말로' 들었으면, '응?' 했을 거예요. 그리고 '아이도 하나의 인격체이자 엄연히 인지 기능이 있는데, 당연히 말로 해결하는 것이 베스트지'라고 생각했을 거예요.

이 방법은 제가 전공의 시절 '눈으로 직접 봐서' 알게 된 거예요. 운이 좋았죠. 말보다 행동이 더 좋은 해결책일 때도 있다는 걸 깨달은 경험이었어요.

교수님과 병동 회진을 돌고 있는데, 복도 쪽에서 카랑카랑한 샤우팅이 들리는 거예요. 나가봤더니 제 담당 환자가 휠체어에 앉은 채, 병원 직원에게 막 화를 내고 있었죠. 자기한테 반말을 했다나….

병원 직원은 "어르신, 저 절대 반말한 적 없어요. 그리고 혹시 그렇게 들렸다면 죄송해요"를 연신 반복하고 있었어요. 고개를 몇 번이나 숙이고요.

하지만 계속되는 사과에도 할머니는 계속 화를 냈어요. 휠체어에 앉은 채로 손가락질을 해댔죠. 그 할머니는 전두엽 치매였는데, 평소에는 정말 사랑스러운 캐릭터임에도 한번 화가 나면 걷잡을 수가 없었거든요.

해결될 기미가 보이지 않았어요. 수간호사님도 나오고, "다들 진정하세요. 진정하세요." 해도 소용없었죠.

그때 교수님이 할머니 휠체어를 쓱 밀면서 "어르신~ 뭐 속상한 일 있으세요? (3초) 그러셨구나. 아 참, 그런데 남편분 오늘 오전에 다녀가셨어요? 재미있는 얘기 좀 하셨어요?"라며 병실로 이동했어요.

그리고 끝.

할머니는 그 뒤로 병원 직원에 대해서 아예 언급도 안 하더라고요. 진짜 그 마법 같은 순간에 감동했어요. 너무 신기했어요. 이날의 경험은 아이가 떼를 쓰는 위기 상황에서 여러 번 저를 구원해주었죠.

물론 이렇게 말씀드려도 '이 방법이 치매 환자에게 효과가 있는 건 알겠어. 치매 환자는 어차피 인지 기능이 더 나아질 리 없으니 임기응변식으로 대처해도 되겠지. 그렇지만 아이들은 합리적인 설명으로 해결하는 단계에 이르러야 하는 것 아닌가? 아무래도 임기응변은 근본적인 해결책이 아닌 것 같다' 싶은 분들 계실 거예요.

이에 대한 답은 간단해요. 길에서 뭐 사달라고 고집 피우며 우는 어른 보셨어요? 못 보셨죠?

아이의 뇌 기능이 성숙하면 어련히 알아서 떼쓰지 않게 됩니다. 그냥 우리는 그날까지 버티면 됩니다. '이제 좀 말귀를 알아먹는구나' 싶은 순간이 오거든요. 합리적인 설득으로 해결하는 건, 그때 가서 하면 됩니다.

걱정 말고 편안히 키우셔도 괜찮아요. '육아서에서 하라는 대로 했는데 왜 잘 안 되지? 우리 아이가 유별난가? 난 역시 능력 부족인가' 하고 좌절했던 시간, 이제 잊어요. 우리 쉽게 쉽게 갑시다.

# 잔소리 줄이는
# 가장 쉬운 방법

어느 집이나 마찬가지일 거예요. 아이가 느리잇 느리~이잇 움직이는 거요.

아침에 이러면 환장해요. 5분만 늦어도 지각이잖아요. 그런데 양말 하나 신는 데 5분 걸리네요. 이 닦으라고 다섯 번 말해도 귓구멍이 막혔는지 꼼짝을 안 해요.

결국 소리치지 않을 수 없게 됩니다.

"엄마 말 들려, 안 들려! 몇 번을 말했는데 아직까지 안 했어! 아, 진짜 아침부터 이게 뭐야! 그냥 가지 마, 가지 마. 네 맘대로 해!"(라고 했지만 정말 맘대로 하면 큰일이니까 결국 달래야겠지.)

전쟁통이 따로 없어요. 여기서 아이가 성질 내고 버티면 이제 엉망진창으로 가는 거예요. 어떤 때는 내복 바람에 양말은 손에 들고 외투만 덮어서 유치원 보내는 사태도 벌어집니다.

그래요. 자기 딴에도 어린이집 가기 싫고 학교 가기 싫고 그럴 수 있죠. 그런데 왜 놀러 나갈 때도 똑같은 일이 벌어지는 건지 모르겠어요. 현관 밖으로 나가기 전부터 이미 기운 다 빠져요.

옷 좀 갈아입자고 하면, 갑자기 하고 싶은 게 생겨요.

"어, 엄마. 물 좀 마시고."

"나 이거 먼저 하고."

어떤 때는 바지를 입다 말고 발목에 걸친 채, 자기 형제랑 대화를 해요. 알려주지 않으면 저 상태로 10분도 계실 기세예요.

잠들기 전에도 그냥 넘어가질 않죠.

"씻어라. 옷 갈아입어라. 치카는 했니?"

"응~ 엄마. 잠깐만~"(너 이미 이거 10분 전에 써먹었다잉?)

"아니, 그런데~"(뭐가 맨날 아니야, 진짜.)

9시부터 잔소리해야 겨우 10시에 끝나요. 피곤한 날에는 "야! 좀! 그냥 자!"라고 결국 내뱉게 돼요. 그 뒤는 아시죠? 우리는 침대에 누워 또 반성의 시간을 가집니다.

희한하죠. 애들은 원래 온종일 뛰어다니잖아요. 평소에 어른보다 빨리 움직이는 분들이, 왜 중요한 순간에는 급 나무늘보가 되는 걸까요.

제가 이 까닭에 대해 정말 진지하게 고민했어요. 아침, 점심, 저녁, 하루에 세 번씩 화가 나니까요. 빨리 해결하고 싶어서 미치는 줄 알았죠. 애타는 마음으로 해답을 구하다가, 아이들에게 두 가지 특징이 있다는 걸 깨달았어요.

① 징그럽게 산만하다.
② 한번 꽂히면 빠져나오지 못한다.

"이 닦아라." 하면 "어." 해요. 그런데 10분 지나 조용해서 찾아보면, 자기 방에 앉아 있어요. 화장실 가다가, 방문 열려 있는 거 보고 그냥 들어가는 거예요. 유치원 졸업앨범 열어보고 있더군요. 이요? 당연히 안 닦았죠.

"너 뭐 하니? 이 닦아야지." 하면, "아, 맞다." 대답하고 다시 화장실로 가요. 그 상태로 내버려두고 오잖아요? 또 5분이 지나도 안 나와요. 이번엔 칫솔 물고 거울에 비친 자기 얼굴 감상하고 있어요. 이 표정 저 표정 다 지어보면서요. 산만하기 이를 데

242

가 없습니다.

한편 순간순간 꽂힐 때는 옆에서 폭탄이 떨어져도 모르게 몰입해 있어요. 귓구멍이 막혀요. 그럼 부모는 결국 대폭발하죠.

"엄마가 옷 갈아입으라고 말했잖아! 도대체 몇 번을 말해?"

"언제? 나 못 들었는데? 엄마는 왜 맨날 화를 내고 그래?"

(그래, 다 내 탓이다. 너한테 화를 내서 뭐 하겠니. 듣지를 못하는데.)


느릿느릿 움직이는 아이는 말로 우아하게 해결하기 어려워요. 애들은 임무 수행하다 자꾸 딴짓을 하잖아요. 계속 따라다니면서 잔소리할 수밖에 없어요. 아침시간 바빠 죽겠는데 말이 곱게 나갈 수 있나요. 게다가 저분들은 잘 듣지도 않는걸요.

일을 빨리빨리 진행하려면, 아이의 손을 잡고 장소를 함께 이동해주세요. 이때 팁은, 친한 친구가 손 내밀듯이 하는 거예요. 답답해도 손목 끌지 마세요!

"지윤아~ 이제 우리 화장실 가자! 엄마가 같이 가줄까?"

이런 발랄한 분위기로요.

화장실에 도착하면, 바로 칫솔을 손에 쥐여주세요. 다른 데 정신 팔릴 위험을 어떻게든 차단합시다. 이 닦는 게 끝나면, 바로 옷을 들고 입힐 듯이 다가가요. 양말은 그냥 신겨주고요. 우리가 몸을 쓸수록 시간은 짧아져요. 이 닦고 옷 갈아입는 데 6분 도 안 걸려요.

너무 별것 없나요? 애완동물 다루는 것 같나요? 과하게 아이를 배려하는 것 같다고요? 스스로 배울 기회를 차단하는 것 아니냐고요?

맞아요. 그렇게 여기실 수 있죠. 저도 그랬거든요. 특히 첫째가 어렸을 때요. 근데 좀 키우고 보니 '클 때까지 기다리기만 하면 될걸, 괜히 어렸을 때 기운 뺐네' 이 생각이 들더라고요.

왜냐고요? 원래 어린아이들은 산만해요. 계속해서 집중할 능력이 아직 발달하지 않았거든요. 정상적인 발달 과정상 만 8세~10세 사이에 집중력이 두드러지게 향상됩니다. 이건 뇌가 자라야 해결될 문제예요. 시간이 답이란 말입니다.


초등학교 1학년이던 둘째 아이 참관수업 갔을 때 일이에요. 저 진짜 담임선생님 존경하게 됐잖아요. 와~ 진짜. 애들은 학교에서도 집이랑 똑같이 느릿느릿하더군요. '누가 누가 더 산만한가' 경연장 같았어요.

같은 날, 1학년 참관 수업 끝나고 3학년 교실로 올라갔어요. 근데 어머나! 아이들 어쩜 이렇게 의젓해요? 역할극 시간에

"야, 이제 우리 나갈 차례다!" 하더니 한 줄로 척 서서 대기하는 능력을 보여주더라고요. 누가 시키지도 않았는데요. 정말 세월의 힘이란….

아직 어린아이면, 말로 힘 빼지 말고 몸 움직여서 미션 완료하시면 돼요. 크면 조금만 말 툭툭 던져도 알아서 움직입니다. 그때까지 적당히 도와줘도 괜찮아요.

불안ZERO 자신감UP

자존감UP

자유기ZERO

스트레스ZERO

행복시간UP

화ZERO

명령ZERO 훈육ZERO

4장

제로 육아로
나를 바꾸다

# 내 안의 화를 다스리는
# 가장 쉬운 방법

혹시 절망하고 있나요. 잠든 아이를 보며 눈물짓고 있나요. 오늘도 화를 못 참고 아이에게 소리쳤나요. '난 진짜 엄마 자격이 없나 봐' 되뇌고 있나요.

이런 기분 다들 느껴보셨을 거예요. 미친년이 된 것 같은 그 기분, 내 감정 하나 제대로 조절 못 해서 아이에게 상처를 준 자괴감. 후회하고 마음을 다잡아도 내일 다시 괴물로 변신할 것 같은 두려움.

어떻게 이렇게 잘 아냐고요?

제가 수도 없이 경험했으니까요. 설마 정신과 의사는 아이한테 화 안 낼 거라고 상상하셨던 거 아니죠? 그럴 리가요. 애 키우는 게 얼마나 힘들어요! 힘들면 누구나 화가 납니다.

저도 제가 이렇게 미친년처럼 화낼 수 있는 인간인지 아이 키우면서 처음 알았어요. 결혼 전 가족에게 쟁쟁거리며 짜증은 냈어도, 밖에서 누구한테 싫은 소리 한번 한 적 없었거든요.

이틀에 한 번씩 밤을 꼴딱 새워야 했던 인턴 시절에도 화내지 않았어요. '병원 바닥이랑 인턴 사이에는 껌밖에 없다'라는 우스갯소리가 있을 정도로 인턴 기간에는 몸과 마음이 힘든데, 와우! 전 그때보다 애 키우는 게 더 힘들더라고요.

아, 다시 생각해보니 응급실 인턴이었던 때는 아이 키우는 것과 비슷했던 것 같네요. 밥 먹는 시간도 따로 없이 12시간 동안 계속 뛰어다녔거든요. 어떤 날은 24시간 연속요. 매일 도망가고 싶었죠.

아무튼 그래도 인턴은 교대라도 하죠. 힘들어도 1년만 버티면 된다는 희망으로 참을 수 있었어요. 하지만 아이는 계속 돌봐야 하잖아요. 2년 넘어가니까 진짜 죽겠더라고요.

매일같이 분노가 쌓여갔어요. 잠은 부족하지, 허리는 끊어지지, 애는 뒤돌아서면 울지, 그런데 집에는 나 혼자지….

결국 어느 토요일에 사달이 났어요. 왜 그렇게 화가 났었는지 지금은 기억도 안 나요. 그럴 수밖에요. 아이들이 죄를 짓는 게 아니니까요. 그냥 저 혼자서 화가 난 거죠.

첫째는 네 살, 둘째는 두 살이었을 때였어요. 주말이었지만, 그날도 역시나 남편은 일해야 한다고 아침에 집을 나섰어요. 오후 서너 시쯤 되었나 봐요. 이미 지칠 대로 지쳐 있었죠. 계속해서 울리는 뽀로로 비행기 소리에 미쳐버릴 것 같았어요.

변명 같지만, 그땐 진짜 울고 싶은 심정이었어요. 아이 둘을 어떻게 봐야 하는지 솔직히 잘 모르겠고 무서운데, 옆에 의지할 사람은 하나도 없고 너무 외로웠습니다.

"이제 그만해."

"아, 정말 그만해."

"엄마 너무 힘들어…."

하지만 네 살짜리 아이가 제 말을 들을 리 없잖아요. 계속 장난감 버튼을 눌러댔습니다.

"빠빠빠빠 빱빠빠빱빠~ 사이 좋은 친구죠~!"

"빠빠빠빠 빱빠빠빱빠~ 사이 좋은 친구죠~!"

빠빠빠빠 빱빠빠빱빠… 결국 제가 미친 짓을 저질렀어요. 비행기를 빼앗아 바닥에 집어던졌죠. 비행기 날개가 부서지도록 온 힘을 다해서요.

아이가 얼어붙었어요.

7년이 지났지만, 그때를 떠올리면 눈물이 나요.


제 부끄러운 이야기를 꺼낸 이유는, 여러분께 공감을 얻고자 함이 아니에요. 죄책감에 시달리는 여러분께 위로를 드리기 위해서도 아니고요. 제 경험을 공개한 진짜 이유는, 뭐라고 하면 좋을까요. 이거 글로 쓰려니 어렵네요. "진심으로 여러분께 도움이 되고 싶어요. 제 이야기를 믿고 따라주세요." 이렇게 쓰면 전달이 되려나요.

저는 여러분께 바로 지금, 내면의 화를 없애는 확실한 방법을 알려드리려고 해요. 당장 시도할 수 있는 것들로요.

먼저 소용없었던 방법들부터 지울게요.

육아 스트레스를 극복하는 법이라며 흔히 나오는 것들 있죠.


① 명상을 한다.

② 자기만의 시간을 갖는다.

③ 취미를 갖는다.

다 좋아요. 효과도 있을 겁니다. 문제는 저 같은 저질체력 보통인간에겐 불가능한 방법이더라고요. 잘 시간도 부족한데 따로 시간을 어떻게 내요. 아무래도 그들은 초능력자인가 봐요. 아이들 자고 있는 새벽 4시 반에 일어나 글을 쓴다는 분도 있었어요. 하하하. 패스합시다.

④ 분노의 (과거) 원인 찾기.
⑤ 상처받은 어린 나를 안아주기.
⑥ 엄마와 화해하기.

뭐 개인에 따라 근본적인 치료일 수도 있죠. 하지만 이거 언제 치료하나요? 몇 달이면 되죠? 혹시 몇 년 걸리면 어쩌죠? 만약 상처를 결국 극복 못 하면 어떡해요?

우린 지금 전쟁터에서 방패 들고 총알 피하고 있잖아요. 원인이 무엇이든 간에, 기운 내서 일단 총알부터 막아내야죠. '내 상처의 뿌리는 무엇인가…' 이런 거 우아하게 고민할 때가 아니란 말이에요. 1분 후면 애가 떼쓰고 울기 시작할 거라니까요? 30분 후엔 저녁이 준비되어야 해요.

게다가 어린 시절 상처가 화를 못 참는 거랑 뭐 그리 상관이 있는지 모르겠어요. 만약 밀접한 관계가 있다면, 30년간 잘 참다가 왜 갑자기 자기 애한테만 화를 내는 거죠?

제가 보고 들은 바 전국의 부모들이 자식한테 유독 화를 못 참는데, 우리 모두 어린 시절 강렬한 트라우마가 있는 걸까요? 솔직히 저만 해도 어머니와 썩 따사로운 사이는 아니었지만, 그렇다고 커다란 상처를 받은 적도 없었거든요. 그럼에도 불구하고 아이에게 성질이 나던걸요.

전 이렇게 생각해요. 원래 사람이 잠 못 자고 피곤하면 화 참기 힘들잖아요. 그래서 자꾸 화내는 거라고요. 화를 참는 건 에너지가 많이 필요하니까요.

그렇다면 우리가 당장 해야 할 일은 명확하죠. 어떤 자극에도 여유 있게 대처할 수 있도록 기운을 보충하세요. 푹 쉬고, 잘 드세요. 에너지 갉아먹는 원인을 제거하세요.

휴식은 여러분의 화를 막는 가장 강력한 무기가 될 것입니다.

## 무조건 잘 자는 게
## 보약입니다

'사소한 일에도 짜증이 치솟는다', '지친다', '도망가고 싶다'
부쩍 이런 느낌이 든다면 일단 주무세요. 무조건 주무세요. 우
리는 몇 년째 잠이 모자랐잖아요. 아침에 눈떴을 때 개운한 느
낌이 어떤 거였는지 기억나시나요?

잠이 정신 건강에 중요하다는 사실은 잘 알려져 있습니다.
잠 못 자면 다음 날 집중력 떨어지고 판단력 흐려진다는 건 직
접 경험해보셨을 테고요. 하지만 그게 다가 아닙니다. 잠이 모
자라면 정말 심각한 정신적 문제를 일으키기도 해요. 우울해지

고, 불안해지고, 예민해지고, 공격적으로 변하죠. 반대로 잘 자면 이 문제들이 저절로 해결되기도 하고요.

정신과 전공의 1년차 시작했을 때, 제일 처음 치프 선생님께 배운 건 이거였어요. "잘 먹고, 잘 자라. 배고프거나 피곤할 땐 면담하지 마라. 그러면 환자한테 짜증 낸다."

일단 배부르고, 안 피곤하면 기본 방패는 준비된 거예요. 이것만으로 대부분의 사람은 화를 안 낼 수 있어요. 끼니 잘 챙겨 드시고, 틈만 나면 주무세요.

'누군 자고 싶지 않아서 안 자나. 잘 시간을 다오.' 이런 분들은 딱 세 가지를 줄이시면 됩니다. 바로 드라마, 스마트폰, 술입니다.

하나씩 살펴볼게요.


드라마. 이거 얼마나 재미있어요. 너무 재미있는 바람에 한 편만 보고 나면 왠지 아쉽죠. 그러면 다음 편을 더 보거나, 폰을 켜고 드라마 동지들과 감상평을 나눕니다. 결국 하루 2시간씩 드라마에 빠져드는군요. 잠을 2시간씩 줄여가면서요.

스마트폰. 말도 마세요. 얘만 있으면 새벽 3시까지 깨어 있을 수 있죠. 아무리 졸려도 일단 켜면 피곤함이 사라져요. 빛은 또 얼마나 밝은지요. 우리 몸의 수면유도 물질인 멜라토닌을 안드로메다로 보내버려요. 멜라토닌은 어두운 곳에서만 분비되거든요.

궁금해 미칠 것 같은 뉴스 제목과 포스팅은 어쩌고요. 토할 것 같은데도 새 창을 누르게 하는 마법사예요. 메인에는 극단적인 기사가 꼭 있어요. 백 일 된 아이를 둔 젊은 아빠가 차에 치여 죽었거나, 일가족이 자살했거나, 사이코패스가 이유도 없이 선량한 시민을 죽였거나. 공포영화를 본 듯 잠이 확 깹니다. 스

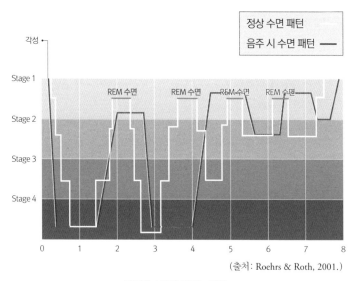

(출처: Roehrs & Roth, 2001.)

음주가 수면에 미치는 영향

트레스 호르몬이 쫙쫙 분비돼요. 편안한 잠 잘 수 있을 리가요.

술은 참 이중적인 친구예요. "술 먹으면 잠이 잘 온다." 이런 얘기 들어보셨죠? 그래서 잠이 안 오면 술 한잔하시는 분들 많은데요. 술은 깊은 잠을 방해합니다. 술 먹은 다음 날 아침 너무 너무 피곤한 건 이 때문이지요.

왼쪽 그림은 정상 수면 패턴(흰 선)과 음주 시 수면 패턴(붉은 선)을 비교한 거예요. x축은 잠들 때부터의 시간, y축은 잠의 깊이입니다. 잠의 깊이는 1~4단계로 나누는데, 숫자가 클수록 깊은 잠을 잔다고 생각하시면 됩니다.

보시면 잠든 직후부터 3~4시간은 술을 먹어도 잘 잡니다. 잠드는 데 걸리는 시간은 우리가 추측하는 것과 같이 평상시보다 더 짧아요. 금방 잠든다는 거죠. 여기에 사람들이 속아요.

하지만 수면 중반부를 넘어가면 술 마신 사람은 얕은 잠을 자는 시간이 평상시보다 훨씬 길어집니다. 자꾸 깨요. 결국 몸이 제대로 회복이 안 돼요. 피곤한 상태로 아침을 맞이하게 됩니다.

여기에 술의 이뇨작용까지 더해져 봐요. 자다가 일어나서 화장실 다녀와야 하는데, 수면의 질이 좋을 수가 없죠.

한편 빨리 잠들려고 술을 자주 먹다 보면, 뇌가 술에 중독됩니다. 즉, 금단증상이 생겨요. 알코올 금단증상으로 흔히 손떨

림 현상을 떠올리기 쉬운데, 가장 흔한 금단증상은 불면증이에요. 술 마시지 않고는 잠이 안 오는 거죠. 생각보다 이미 이런 단계에 접어든 분이 많아요. 술을 마셔야 잘 수 있는 분들 말이에요.

또 술 마시고 공격적으로 변하는 사람들 종종 보셨을 거예요. 근데 꼭 취할 때만 그런 게 아니에요. 알코올 중독자들 보면 맨정신에도 화 많이 내요. 술은 에너지를 고갈시키거든요. 앞서 말했듯이 에너지가 부족하면 사람은 쉽게 화를 냅니다. 평소에 화를 참지 못한다면, 반드시 술부터 끊으세요.

일단 이 정도 말씀드릴게요. 위 3개 중에 1개만 줄여도 수면시간이 확 늘어나네요. 최소 2시간이요. 참 쉽죠?

여기서 잠깐, "드라마, 스마트폰, 술 끊는 게 뭐가 쉽나요? 얼마나 어려운데요!"라고 말하고픈 분 계실 겁니다. 음… 글쎄요. 전 진짜 쉽던걸요? 얼마나 쉬우면 제가 오십 번 넘게 끊어봤겠어요. 앞으로 백 번도 더 끊을 수 있을 것 같아요. 매일 새로 다이어트 시작하듯이, 매일 끊으시면 됩니다.

"좋다. 하지만 이 재밌는 것들을 못 하고 살면 무슨 낙이 있느냐?"라고 묻고 싶은 분도 계시겠죠? 그럼요. 저도 이해합니다. 그래도 어쩌겠어요. 지금은 인생의 우선순위가 이게 아닌 걸요.

아쉬운 마음은 이렇게 달래보면 어떨까요? 우리 나이 오십 넘었을 때 할 일이 지금만큼 많지 않을 거잖아요. 그때 재밌게 드라마 보고 놀죠 뭐. 게다가 그 나이엔 잠도 잘 안 온대요. 자고 싶어도 못 잔다죠. 그럼 밤새 놀 수 있겠네요!

꿀잠 자는 것도 젊은 시절 특권입니다. 지금 마음껏 누리세요.

# 내 몸매 신경 쓰는 사람은
# 나밖에 없어요

출산하면 제일 신경 쓰이는 것 중 하나가 몸매죠. 뱃살에, 팔뚝살에, 엉덩이 허벅지살, 등살, 심지어 목살까지! 아무리 '나는 내 몸을 사랑한다' 세뇌해도 보기 싫은 건 어쩔 수 없네요.

그런데 세상에는 어쩜 그렇게 처녀 같은 아이 엄마가 많아요? 출산 세 달 만에 원래 몸무게로 돌아오는 초능력자들 말이에요. 연예인은 말할 것도 없고 길에서 흔히 보는 이웃 엄마도 다들 날씬해요.

나만 뒤처질 순 없죠. 우리는 출산 다음 날부터 매일 체중계에 오릅니다.

하지만 아이 키우면서 체중 조절하는 건 보통 일이 아니지요. 애 보느라 지쳐서 쓰러질 지경인데 운동이라뇨. 밥도 서서 먹는 판국에 헬스장 갈 시간은 언제 내나요?

현실적으로 먹는 걸 줄이는 것 말고는 방법이 없습니다. 그러나 이마저도 쉽지 않죠. 힘들어서 먹어, 멘탈 털려서 먹어, 아이가 남긴 반찬 아까워서 먹어, 엄마가 다이어트 하기는 정말 어려워요.

무엇보다 아이를 보려면 기운이 있어야 하는데, 덜 먹으면 확실히 힘이 하나도 없잖아요. 배고픈 걸 참으면서 아이 보는 건 불가능하죠. 게다가 짜증은 얼마나 나는데요.


참 답답하시죠? 거울 보면 한숨 나오고 왠지 속상하실 거예요. 저도 그 마음 알아요. 억지로 시간 내서 운동도 해보고, 식이조절도 해보고, 다 겪어봤거든요.

근데요. 몸이 두 개가 아닌데, 어떻게 아이 키우고 다이어트하고, 둘 다 성공할 수 있겠나 싶더라고요. 사실 체중을 줄이려면 어마어마한 노력이 필요하잖아요. 우리가 홀몸일 때도 다이어트가 얼마나 어려웠어요.

아이 키우기에 들어가는 노력을 줄일 수는 없으니, 체중에 대한 관심을 줄여야지 어쩌겠어요. 솔직히 관심을 더 가진다고 살이 쑥쑥 빠지지도 않잖아요. 1시간 동안 홈트레이닝 죽어라 해봤자 몇 킬로그램 빠져요? 배고파서 더 먹지 않으면 다행이죠. 으하하하.

그리고 말이죠. 우리는 이미 충분히 운동 많이 하고 있어요. 아이랑 놀고, 집안일 하고, 진짜 열심히 움직이고 있는 거예요. 근육 힘도 얼마나 좋아요. 15킬로그램, 20킬로그램짜리 아이를 번쩍번쩍 들어서 옮기잖아요. 여차하면 100미터도 안고 걸을 수 있네요?

지금은 그냥 잘 드세요. 틈만 나면 쉬시고요. 다이어트는 애들 조금 크면 그때 슬슬 하시면 돼요. '너무너무 심심하다. 내가 게으른 것 같다!' 그런 느낌이 들 때, 그때 시작하시면 딱이에요.

'그래도 좀 빨리 관리하고 싶다' 그러시면 잘 드시되, 탄수화물을 줄이세요. "탄수화물 안 먹으면 뭘 먹으라는 거냐?" 이런 질문하시는 분들 많은데요. 그저 평소 먹는 식사에서 밥만 빼도 됩니다. 달달한 디저트, 음료수만 참으셔도 살 안 쪄요. 나머지는 배부르게 많이 드세요.

솔직히 내 몸매 신경 쓰는 사람은 나밖에 없어요. 남들은 내가 3킬로그램 빠졌는지 아닌지 전혀 몰라요. 나만 스트레스 안 받으면 됩니다. 스트레스 안 받아야 단 것 안 찾고, 폭식 안 하죠. 그럼 신경 쓰지 않고도 체중 관리 되는 거예요.

오늘부터 당분간 체중계에 올라가지 마세요. 하루의 시작을 실망과 초조함으로 채우지 마세요. 검은 옷 입으면 마이너스 5킬로그램, 잊지 마세요.

# 내 몸 아프면 남편 자식
# 세상만사 다 소용없어요

전 아이 낳고 몸이 전부 망가진 것 같았어요. 평생 먹을 진통제를 최근 몇 년 동안 다 먹었나 봐요. 조금만 무리했다 싶으면 바로 목 삐끗, 허리 삐끗. 이제는 기침도 맘대로 못 한다니까요. 여러분은 어떠세요? 허리 아프지 않으세요? 어깨는요? 목이 항상 뻐근하지 않나요?

그래요. 뼈 마디마디 안 아픈 곳이 없을 거예요. 그런데 혹시 치료는 하고 계신가요? 아이 낳은 엄마니까 어쩔 수 없지 않냐고요?

출산하면 관절 아픈 거 '당연하니까' 참고, 수유하면 목 아프고 손목 아픈 거 '누구나 그러니까' 또 참고, 무거운 아이 들었다 놨다 허리 다치면 '또 그랬구나' 참고. 그러다 보니 아픈 게 동반자처럼 느껴지지요.

누가 "잠을 잘못 잤나 봐. 어깨가 아파서 팔이 안 올라가네." 하면, "어머, 나도 그런데. 아후, 서른 넘으니까 안 아픈 데가 없다. 그치?" 이러고 넘어가요. 우리는 통증을 체념하고 방치하기 쉽습니다.

하지만 말이죠. 사실 통증이 삶의 질, 삶의 만족도에 정말 중요한 역할을 하거든요. 아프면 잘 못 움직이잖아요. 먹고살기 위해 고통을 참고 움직여야 할 때도 있고요. 잠도 푹 못 자요. 자는 동안 아픈 부위 눌려서 움찔움찔 잠에서 깨요.

다시 말해 아프면 온종일 몸이 스트레스를 받는단 말이에요. 그럼 어떻게 되겠어요? 예민해지고 짜증 나고 만사 귀찮겠죠. 이 상태에서 아이가 다가온다고 생각해보세요. 웃어주기 정말 어려워요.

아이 키우는 집은 매 순간 전쟁이지요. 재빨리 통증을 치료하는 게 무엇보다 중요합니다. 우리는 아플 시간도 없으니까요. 그래서 준비했습니다. 내 몸의 통증을 치료하는 가장 빠른 방법.

첫 번째, 빠른 건 약이 최고죠. 30분만 지나면 효과가 나타나요. 소염진통제 항상 구비해두세요. 아프면 바로 털어 넣으세요.

두 번째 방법은 '마사지 볼'이란 걸 이용해서 뭉친 근육을 풀어주는 거예요. 마사지 볼은 주먹 크기의 단단한 고무공인데, 검색하면 쉽게 찾으실 수 있을 겁니다. 목이나 어깨가 결릴 때, 바닥에 공을 깔고 그 위에 누워서 아픈 부위를 자극하면 곧 통

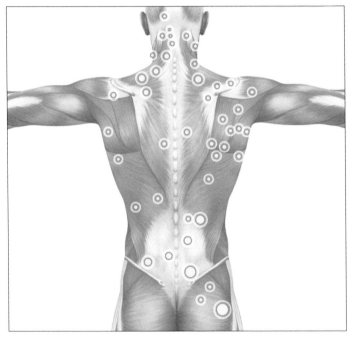

통증 유발점

증이 해소돼요.

'근막동통증후군'이라고 들어보셨나요? 뒤통수가 뻐근하면서 당기는 느낌, 어깨가 결리는 증상 등이 주로 나타나는 질환입니다. 목 통증의 가장 흔한 원인이라죠. 제가 앓고 있는 고질병인데, 아마 여러분 중에도 꽤 있을 거예요. 한 자세로 오래 일하거나 근육을 많이 사용하는 경우에 발생해요.

이런 분들은 목 부위나 어깨 주위를 눌러보면 단단하면서 엄청나게 아픈 부분이 있어요. 이 부분을 '통증 유발점 Trigger Point'이라 불러요. 쉽게 말해 뭉친 부분이라고 해요. 만약 이 질환을 앓고 있다면, 진통제와 함께 통증 유발점 마사지로 대부분 해결할 수 있어요. 왼쪽 그림의 점들은 흔한 통증 유발점이에요.

만약 너무 심하게 아파서 도저히 못 움직이겠고, 약으로 해결되지 않는다면 바로 병원에 방문하시길 바랍니다. 한번만 치료해도 드라마틱하게 좋아져요. 참을 이유가 전혀 없습니다.


이제 예방법 알려드릴게요. 대부분의 통증은 근육이 뭉쳐서 발생합니다. 그렇다면 평소에 근육을 늘려주고 풀어주는 게 통증 예방법이겠죠. 자기 전 목, 어깨, 허리 스트레칭 해주세요. 하루 3분이면 돼요.

이렇게 말씀드리긴 했지만, 바쁜 일상에서 3분조차 기억하기 쉽지 않다는 거 잘 알아요. 조심한다 해도 삐끗삐끗 다치는 일 계속 생길 거고요. 약간만 무리해도 바로 탈이 날 거예요.

그래도 체념하지 마세요. 안고 가지 마세요. 솔직히 내 몸 아프면 남편 자식 세상만사 다 소용없어요. 내 몸 내가 사랑해줘야 합니다. 자식 챙기듯 내 몸도 세심하게 돌봐주세요.

오늘도 수고 많으셨습니다.

# 우울증 약 먹을까 말까
# 고민하지 마세요

정신과 방문하기는 어려워요. 왠지 꺼려져요. 게다가 약까지 먹는다? 상상만으로 거부감이 들죠.

정신과 의사는 어떨까요? 만약 정신과 의사가 우울하고, 아이 키우기 부담스러워하고, 화를 참지 못한다면, 쉽게 약을 먹을까요?

글쎄요. 전 쉽지 않았어요. 오랫동안 지옥 같은 시간을 보내면서도 막상 약을 선택하지 못했어요. 아이에게 화내고 소리치고 미쳐버릴 것 같은 그런 날에도 눈물이나 흘릴 뿐, 용기를 내지 못했어요.

'이런 엄마라면 차라리 없는 게 나을지 몰라. 이제 그만하고 싶어. 더는 못 견디겠어. 나는 해만 끼치는 인간인 것 같아.' 물러설 곳이 없어지고 나서야 마지막으로, 약을 복용했습니다.

먹어보니 참, 진작 먹을 걸 후회되더라고요. 왜 온 식구가 그동안 이 고생을 했나 싶었어요. 항우울제는 분노 조절에 가장 확실하고 빠른 도움을 줬습니다. 예민해진 신경을 달래주었고, 세상을 바꿔주었지요. 어제까지만 해도 부담스러웠던 아이가, 오늘은 어찌나 사랑스럽던지요. 온 세상이 아름답게 느껴졌습니다.

이렇게 말씀드려도 왠지 꺼려지실 테죠. 저도 그랬으니까요. 막상 약을 복용하자니 세상과의 싸움에서 지는 것 같고, '내가 약을 먹을 정도인가? 이렇게 멀쩡히 직장에 출근하는데? 도대체 얼마나 더 기운을 내야 해?' 싶어서 망설였거든요.

약을 먹을 때도 문득 '혼자 살면 세상 힘든 것 없이 잘살았을 텐데. 3명분 일하느라 에너지 방전될 수밖에 없네. 왜 내가 약까지 먹어가며 이 식구들을 돌봐야 되나.' 하고 속상해한 적도 물론 있었고요.

하지만 어쩌겠어요. 지금은 누구든, 특히 엄마인 우리가 기운을 내야만 하잖아요. 엄마는 집안의 중심이니까요. 우리가 화내면 온 집안이 살얼음판으로 바뀌는걸요. 그래도 효과가 확실한 방법이 있어서 얼마나 다행이에요.

'정신과는 그래도 두렵다', '약을 꼭 먹어야 하나' 혹시 주저되시나요? 그래요. 여러분이 걱정하는 게 뭔지 잘 압니다. 그럼 지금부터 정신과 치료에 대해 솔직히 알려드릴게요.

정신과에 막상 가보면, 내과에서 진료받는 것과 딱히 다르지 않아요. 상담에 대한 부담은 갖지 않으셔도 됩니다. 보름 넘게 우울하고, 의욕 없고, 재미없고, 짜증 나고, 식욕 늘고/줄고, 잠을 적게/많이 자고, 피곤하고, 집중 안 되고, 죽고 싶고, 이런 증상 쭉 말하면 우울증 진단입니다. 많이 얘기할 필요도 없어요. 걱정 마세요.

내 얘기가 너무 내밀하고 특이한 것 아닌가 고민 안 하셔도 돼요. 앞에 앉아 있는 정신과 의사는 오늘만 똑같은 이야기를 수십 번 들었을 겁니다. 사람 사는 게 다 비슷해요.

약 부작용은 걱정 마세요. 지금보다 잘 살려고 먹는 거잖아요. 약 부작용이 심하면 뭐 하러 먹겠어요? 온종일 멍~하고 바보 같고 그럴 거면 약을 안 먹는 게 낫잖아요. 우울증 약은 그런 부작용 참으면서 먹으라고 개발된 약이 아니에요. 약 부작용을 느낀다면, 주치의에게 말하고 약을 변경하거나 조절하면 됩니다.

약에 의존한다는 생각도 마세요. 우울증은 의지가 부족해서 생기는 병이 아니에요. 그냥 뇌 속에 있는 세로토닌, 도파민, 노르에피네프린이 모자란 거예요. 그걸 보충해줘야죠. 비타민이라 생각하세요. 평생 먹어도 상관없지만, 건강해지면 끊을 수도 있습니다. 단, 주치의랑 상의하면서 살살 끊어야 해요.

저는 진심으로 약물 치료 추천드립니다. 우리는 시간이 없잖아요. 약 드시면 금방 좋아져요. 미룰 이유가 없어요.


이 정도면 정신과 치료에 대한 두려움이 조금 사라졌으려나요? 혹시 아직도 주저하고 있다면 제가 드리고 싶은 말씀은 단 하나예요. 힘들면 꼭 정신과 찾아가보세요. 갈까 말까 고민되면 그냥 가세요. 아이한테 화내고, 자책하면서 눈물짓고, 그러지 마세요.

나를 위해, 아이를 위해 용기 내시길 바랍니다.

# 일하는 엄마라고
# 미안해하지 마세요

최선을 다했는데도 항상 미안한 게 있어요. 아이 키우는 일이요. 아마 전 세계 엄마들이 죄책감에 깔려 죽을 지경일걸요. 여기에 아침마다 아이를 떼어놓고 일터로 나간다? 어후, 그 엄마는 천하의 죄인이죠.

아침에 일어나 대충 씻고 아이들 등원을 준비해요. 아이들이 지각할까 봐 오늘도 초조해요. 하루 시작부터 잔소리쟁이가 되었어요. 옷장을 열어보니 입힐 옷이 하나도 없네요. 작아졌거나 얼룩이 묻어 영 볼품없어요. 지난주에 옷을 샀어야 하는데, 또 깜박했죠. 직장 다니는 엄마라서 아이한테 신경 안 쓴다고 여길 것 같아요. 아이에게 미안해요.

직장에서 회식을 한다네요. "저녁에 아이 볼 사람이 없어서 죄송하지만 참석 못합니다"라고 말해요. 밥 먹고 술 먹는 자리에 빠진다고 왜 죄송한지 모르겠지만, 뭐 일단 죄송해요. 분명 근무시간 끝나고 퇴근하는 건데도 남아 있는 동료들에게 죄송해요.

집에 돌아가면 아이들이 달려와요. 예쁘긴 한데, 나도 좀 쉬고 싶죠. 가뜩이나 얼굴 볼 시간이 모자란데 도저히 적극적으로 놀아줄 수가 없어요. 이런 엄마한테 크는 아이라니, 또 미안해져요.

주변 어르신들은 "아이가 엄마 정이 부족해서 어쩌냐"며 볼 때마다 걱정해요. 우리 애가 불쌍하대요. 아… 도와주실 것도 아니면서 말을 어찌 이리 하시는지요. '사랑이 부족한 아이'라는 말만큼 엄마의 마음에 비수를 꽂는 게 있을까요.

분명 최선을 다해 살고 있는데, 그럴수록 미안한 날들만 켜켜이 쌓이는 느낌이에요. 집에도 죄송하고, 회사에도 죄송하고, 내 존재 자체가 죄송하다는 생각이 들어요. 이게 뭔 사태래요.

근데 말이에요. 애 아버지는 일한다는 이유로 죄책감 안 가지 잖아요. 누가 "어휴, 아빠가 직장 나가서 불쌍하네. 아이는 아빠가 키워야 되는데. 쯧쯧." 이러는 거 보셨어요? 돈 벌어오는 거 하나로 집에서 손가락 하나 까딱 안 하고 사는 아버지들 많다면서요. 밖에서 일하고 집에서 살림에 육아까지 하는데, 왜 워킹맘은 가족들에게 미안해야 하죠?

톡 까놓고 얘기해서 자아실현하려고 직장 다니는 사람이 어디 있겠어요. 직장에 다니는 가장 큰 이유는 '돈 벌려고'죠. 그 돈 왜 벌어요? 자식 먹이고 입히고 교육시키려고 버는 거잖아요.

돈 몇 푼 벌려고 자식새끼 버려두고 나왔다는 시선, 신경 쓰지 마세요. 진실이 아니니까요. 버리긴 뭘 버려요. 자식이 없었으면 이렇게 열심히 일했을까요?

모정의 표현 방법은 다양해요. 아이를 직접 돌보는 모정이 있고, 밖에서 식량을 구해오는 모정이 있어요. 어느 방법이 더 숭고하다 옳다 판단할 수 없습니다.

농사짓고 사냥하는 엄마라고 미안해 마세요. 당신은 아이에게 최선을 다하고 있으니까요.

# 지금, 행복하지 않아도 괜찮아요

아이를 키우는 과정은 세상에서 가장 행복한 일이라고 하죠. 선배들은 말합니다. 아이가 어렸을 때 매일 숙제하듯 살았던 게 너무 후회된다고, 지나고 보니 그때가 제일 좋았다고, 그 시간은 짧으니 마음껏 즐기라고요.

여러분은 어떠세요? 진정 누리며 살고 계십니까?

저는 아이가 태어난 뒤로 10년간 계속 풀타임 근무를 했어요. 저녁 7시 넘어서 집에 돌아오니까 하루에 기껏해야 2~3시간 아이를 볼 수 있었지요. 말이 3시간이지, 저녁 먹고 씻기고 옷 갈아입히고 이 닦아주면 겨우 1시간 아이와 놀 수 있었습니다. 파김치가 된 상태에서요.

아이가 신난다고 다가와도 저는 신나지 않고 '시간이 짧은 만큼 더 열심히 놀아줘야지' 다짐해도 눈이 감겼어요. 아이와 함께 보내는 시간의 양이나 질이나 모두 엉망이었죠.

이게 하루 이틀이면 모르겠는데 아이가 한 살 때도 그렇고, 세 살 때도 그렇고, 일곱 살 때도 똑같은 거예요. 이러다 대학 가게 생겼더라고요. '내가 이러려고 아이를 낳았나' 싶었어요. 소중한 시간을 누리지 못하는 게 너무 속상했습니다.

그래서 작년부터 근무시간을 과감히 줄였어요. 오전 3시간만 근무하게 해달라고 직장에 요청했지요. 그런 선택을 하기까지 쉽지만은 않았어요. 아무래도 직장에 오랜 시간 근무하는 사람보다 마이너스로 작용할 테니까요.

그래도 어쩔 수 없었습니다. 인생 한 번인데, 더 이상 꾸역꾸역 숙제하듯 살고 싶지 않았거든요. 죽기 전에 분명 '아이들과 더 많은 시간을 보낼걸…' 하고 후회할 게 확실하기도 했고요. 그렇게 저는 9년 만에 아이들 곁으로 돌아갔습니다.

드디어 교문 앞에서 아이를 기다릴 수 있게 됐어요. 아침 저녁 따스한 밥을 차려주는 엄마가 되었지요. 아이들은 더없이 사랑스러웠고, 저는 행복에 취했어요.

그러나, 아하하하. 한 달 지나고 나니 전혀 즐겁지가 않은 거예요! 다시 밤 10시가 되면 "드디어 숙제 끝! 어이쿠, 오늘 아직 화요일이야?"라며 쓰러졌지요. 풀타임으로 근무할 때보다 하루가 더 빡빡했습니다.

제 말은 콧구멍으로도 안 들으면서 자기 얘기는 무조건 들으라고 징징대지, 소리 지르지, 뛰어다니지. 오래 같이 있다 보니 잔소리할 게 백 개는 되더라고요. 집안일은 해도 해도 끝이 없는데 애들은 뒤돌아서면 다시 난장판을 만들어 놓잖아요. 진심으로 몸이 괴로워 죽겠더군요.

하지만 저를 진짜 괴롭히는 것은 따로 있었어요. 이 소중한 시간을 '환상적으로' 보내지 못하는 제가 낙오자처럼 느껴지는 거였습니다. '모두들 축복받은 시간이라고, 누리라고 하는데, 왜 난 즐길 수 없는 거지? 내가 이상한가? 남들보다 능력이 없는 건가?'

시간을 헛되이 보내는 것 같아 조급했어요. 우울했어요. '모두들 인생에서 가장 행복하다 칭송하는 시기에도 나는 숙제하듯 사는구나. 나는 왜 이 모양일까. 역시 모성애가 부족한 나쁜

엄마인가.'

한편 이런 생각도 들더군요. '우리는 행복을 강요받고 있는
건 아닐까? 어느 엄마도 그다지 행복한 적 없고 원래 행복하
기 어려운 시기인데, 선배랍시고 괜한 오지랖을 부리는 건 아닐
까? 그때는 자기도 힘들었으면서 기억이 미화된 게 아닐까?'

이렇게 스스로를 위안했지만 왠지 마음이 개운하지 않았습니
다. '아이 키우는 게 행복하지 않다니, 아무래도 나는 단단히 이
상한 사람임에 틀림없구나!' 싶은 건 어쩔 수 없더라고요.


그러다 문득 예전 기억이 떠올랐어요. 대학 신입생 시절이요.

그때 선배들은 저를 볼 때마다 물었어요.

"너 요즘 뭐 하고 노니? 연애는 하니? 취미로 배우는 거 있
어?"

"어… 글쎄요. 아무것도 안 하고 있는데요."

"야. 너, 그때가 좋을 때다. 뭐 하고 있니? 잠을 아껴서라도
놀아야 돼. 2년 지나면 이제 지옥 시작이야. 지금은 너무 아까운
시간이라고!"

그때도 '행복해 미치지 못하는' 제가 못난 사람 같았죠. 딱히
인생에서 불행할 일도 없는데, 시간을 헛되이 보낸다는 느낌에

삶이 불만족스러웠어요.

그 기억을 떠올리고서 조금 감을 잡았습니다. 돌이켜보면 그 선배들 중에 실제 신나게 살았던 사람은 거의 없었거든요. 우리도 지금 스무 살 친구를 보면 "어머나, 진짜 좋을 때다"라고 말하잖아요. 누구나 나름대로 진흙탕 같은 20대를 보냈으면서도요.

그렇다면 어린아이를 키울 때가 인생에서 가장 행복하다는 얘기도 '그냥 하는 말'일 것 같았어요. 그래서 관련 자료를 좀 찾아보니 역시나, 그랬더라고요.


세계 여러 나라에서 삶의 만족도를 조사한 결과, 3~40대는 인생에서 삶의 만족도가 가장 낮은 시기였어요. 다음 그래프를 보세요. 30대 초반부터 20년간 행복감이 바닥이죠. 이때가 대부분의 사람들이 아이를 키우는 나이잖아요. 글로벌하게 다들 힘든 거예요.

3~40대가 힘든 건, 육아를 해서가 아니라 '할 일이 가장 많은 시기라서' 그런 게 아니냐고요? 좋아요. 그럼 다른 연구 결과를 가져와볼게요. 2012년 한국, 일본, 중국 남녀를 대상으로 삶의 만족도를 조사한 결과, 12세 이하 아이를 키우는 한국과 일

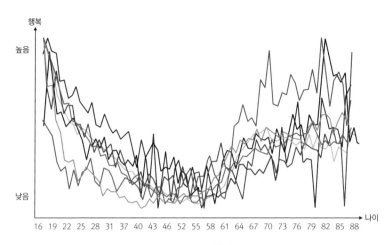

행복

높음

낮음

나이

16  19  22  25  28  31  37  40  43  46  52  55  58  61  64  67  70  73  76  79  82  85  88

(출처: Blanchflower and Oswald, 2017)

**연령별 삶의 만족도**

본 여자들은, 아이가 없는 여자들보다 삶의 만족도가 현저히 낮았습니다.

어떠세요? 그래요. 우리 낙오자 아니에요. 이상한 사람 아니에요. 우리의 모성이 부족해서 지금 이 순간을 즐기지 못하는 게 아닙니다. 아이를 사랑하는 것과 아이 키우기를 즐기는 것은 별개의 문제예요. 부모님을 사랑하지만, 부모님을 간병하는 건 또 다른 일이듯이요.

아이 돌보기 괴롭다는 이유로 죄책감 갖지 마세요. 나중에 돌이켜보면 '그때 나는 최선을 다했다'고 스스로 대견해하게 될 거예요.

그러니까 지금, 행복하지 않아도 괜찮아요.

# 현재 나를 괴롭히는 것들 찾아내기

이제부터 우리는 '당장' 편안해질 거예요. 한 달 후, 몇 년 후가 아니라 바로 지금, 일상을 하나하나 바꿔볼게요. 맞은편 의자에 제가 앉아 있다고 상상해보세요. 여러분은 편안한 소파에 누워서 제 질문에 대답하시면 됩니다.

당신은 몇 시에 일어납니까?

일어나서 가장 처음 하는 일이 무엇입니까?

그때 어떤 느낌이 듭니까?

더 기분 좋게 하루를 시작할 방법이 있을까요?


아침 식사는 누가 준비합니까?

아침 식사로 무엇을 먹습니까?

식사 준비 시간은 얼마나 걸립니까?

아침 식사를 지금보다 더 즐겁게 할 방법이 있을까요?


하루 중 가장 바쁜 시간은 언제입니까?

하루 중 가장 피곤한 시간은 언제입니까?

하루 중 화가 나는 순간을 모두 떠올려보십시오.

하루 중 짜증 나는 순간이 있다면 누구(무엇) 때문입니까?


반드시 해야 할 집안일은 무엇입니까?

안 해도 되거나, 바꿀 수 있는 작업이 있습니까?


아이들이 잠드는 시간은 몇 시입니까?

부모가 잠드는 시간은 몇 시입니까?

여가 시간에 무엇을 합니까?

좀 더 기분 좋게 하루를 마무리할 수 있을까요?

1주일 중 가장 힘든 요일은 언제입니까?

한 달 중 가장 힘든 기간은 언제입니까?

1년 중 가장 힘든 때는 언제입니까?

달력만 봐도 스트레스를 받는 일정이나 이벤트가 있습니까?


나를 가장 괴롭히는 사람은 누구입니까?

그 사람은 주로 어떤 때 나를 괴롭힙니까?

그 사람은 무슨 이유로 나를 괴롭히는 것 같습니까?

그 사람과의 관계를 끊지 못하는 이유가 있습니까?


미래에 대해 불안한 마음이 있습니까?

떠올리기만 해도 답답한 고민이 있습니까?

하고 싶은데 못 하고 있는 일은 무엇입니까?


일단 이 정도로 질문을 마칠게요. 무엇이 여러분을 괴롭히고 있는지 찾으셨나요? 혹시 구체적으로 잡아내기 어려운 분들 있으신가요?

제가 일기장에 적었던 내용 일부를 보여드릴게요. 생각을 정리하는 데 도움이 되길 바랍니다.

아이들에게 화가 나는 순간

① 새벽 6시에 안방에 들어와 나를 깨울 때

② 집에서 계속 뛸 때

③ 시끄럽게 소리를 내거나 신경질을 부릴 때

④ 밥 안 먹을 때

⑤ 밥 먹다 돌아다닐 때

⑥ 식탁에 음식 줄줄 흘리고 그릇, 수저 떨어뜨릴 때

⑦ 식사 시간에 끊임없이 엉뚱한 질문할 때(주로 계산 문제)

⑧ 깐족거릴 때

⑨ 형제가 싸울 때

⑩ 늦었는데 잠들 생각 없고, 안방에서 나가지 않을 때

⑪ 내가 아프고 피곤할 때

⑫ 남편이 야근해서 육아·살림 독박 쓸 때

⑬ 아이들과 상관없는 외부 일로 스트레스를 받고 있을 때


이제 앞으로 돌아가 질문에 대한 답을 종이에 적어보세요. 당연하게 여겨왔던 삶의 많은 순간들이 우리를 조금씩 갉아먹고 있다는 걸 깨닫게 될 거예요. 또 그 대부분은 바꿀 수 있는 문제란 것도요. 그럼 지금부터 저와 함께 하나씩 정리해볼까요?

# 답답한 일상을 탈출하는
## 가장 쉬운 방법

우리가 일상을 탈출한다고 하면 흔히 여행을 떠올리잖아요. 탈출이라는 표현을 보니 일상은 누구에게나 감옥 같은가 봐요. 저도 그랬어요. 집을 떠나고 싶은 갈망 같은 게 있었던 것 같아요. 금요일 오후 충동적으로 부산행 당일 밤 열차표를 끊고, 어린아이까지 온 식구가 자정에 도착한 적도 있었습니다.

근데요. 이게 영원한 탈출이 아니잖아요. 잠시 외출한 거죠. 그럼 감옥에 돌아올 때 마음이 더 힘들어질 수도 있단 말이에요. 전 여행 다녀오면 항상 후유증에 시달리더라고요. 멀쩡히 잘 다니던 회사를 때려치우고 싶어졌어요. 그래도 살아야 하니까 다시 발을 붙이고 일상으로 돌아가긴 했죠. 꽤 오래 걸리더군요. 한번 여행 갔다 오면 최소한 한 달은 노력해야 마음이 삶에 다시 붙는 것 같았어요.

시간이 지나 좀 살 만해지면 또 뭔가 답답한 느낌이 들었습니다. 새로운 여행지를 검색하기 시작했지요. 여행도 중독이라고, 일상을 탈출할수록 탈출에 대한 갈증이 더해지는 것 같았어요.

그 정도가 점점 심해져 '일 안 하고 놀기만 했으면 좋겠다. 우리 남편도 돈 많이 벌어와서 애들이랑 몇 달씩 외국 나가 살고 싶다. 나도 부잣집 딸로 태어났으면 얼마나 좋았을까'라는 생각까지 하게 되었어요. 평생 성실하게 이날까지 사신 친정아버지가 원망스러운 사태까지 벌어졌습니다. '어이쿠, 너 드디어 미쳤구나!' 정신이 번쩍 들었지요.

일상을 '떠나는 것'은 벗어나는 방법이 아니었어요. 로또에 당첨되지 않는 한, 우리는 '지금'을 살아내야 하니까요. 오히려 집을 떠나는 바람에 완수하지 못한 일상의 의무가 켜켜이 쌓여 상황을 악화시켰죠. 일상을 더 버겁게 만들 뿐이었습니다.

일상을 진짜 벗어나려면, 일상의 짐을 정면으로 마주 보고 적극적으로 해치우는 게 답이었습니다. 저는 집으로 가서 일상을 정리하기 시작했어요. 그리고 드디어 일상의 무게를 덜어낼 수 있었습니다. 여러분께도 알려드리고 싶네요. 일상을 '진짜' 탈출하는 방법.

두 가지를 정리하시면 됩니다. 공간, 그리고 해야 할 일 목록 To Do List. 지금부터 하나씩 살펴볼게요.

① 공간

여러분이 준비할 건 만 원입니다. 이걸로 100리터짜리 쓰레기봉투를 네 장 사세요. 그리고 눈에 보이지 않는 물건들을 싹 버립니다.

왜 눈에 보이지 않는 물건들을 버리냐면요. 눈에 띄는 물건들은 지금 쓰고 있는 물건이거든요. 평소 사용하는 물건들이 밖에 나와 있으면 매일 들었다 놨다 정리해야 해요. 수납공간에 넣어두어야 정리할 일이 줄어듭니다. 이것들을 들여놓으려면 먼저 옷장 속, 서랍 속 안 쓰는 물건들을 없애야 하고요.

옷장부터 비우겠습니다. 계절이 바뀔 때마다 옷장 정리하는 것도 일이잖아요. 우리나라는 1년에 4계절이나 있는걸요. 철마다 옷을 옮길 필요가 없을 정도로 옷을 제거합니다. 계절별로 사용하는 옷장 위치만 바꾸도록요. 겨울 옷은 왼쪽 첫 번째 옷장, 봄 옷은 두 번째 옷장, 여름 옷은 세 번째 옷장, 이런 식으로요.

1/3만 남긴다는 마음으로 옷을 고르세요. 하나 팁이라면, '거의 안 입어본 제일 비싼 옷'부터 버리세요. 그러면 그 뒤로는 술술 버려져요. 한 달에 한 번 만나는 친구랑 약속 잡았을 때 입고 나갈 수 있는 옷만 남기세요. 그때 입기 망설여지는 옷은 평소에도 왠지 부끄러운 거예요. 내 자신감 깎아먹는 옷이니 없애세요.

화장품 유통기한 지난 것, 버립니다. 한 달째 안 쓰는 립스틱, 버립니다. 화장품 샘플도 버립니다. 어차피 다시 들어와요. 맨날 쓰는 화장품 말고는 다 버리세요. 색다른 화장하면 안 어울려요. 10년 넘게 화장해봤잖아요. 나에게 제일 예쁜 색만 남기세요.

이제 아이들 방으로 가봅시다. 더 이상 안 쓰는 장난감, 시끄러워서 견디기 힘든 장난감, 같이 놀아주기 어려운(귀찮은) 장난감, 버립니다. 내 정신 건강을 해친다 싶은 건 다 없애버리세요.

거실에 책이 자꾸 굴러다닌다고요? 그럼 책장이 모자란 거예요. 책장을 비웁니다. 청소기 돌릴 때 매번 옮겨야 하는 물건이 있나요? 걸레질하는데 뭔가 거슬린다고요? 바로 그걸 버립니다. 평소에 청소해야 할 물건들 중에 불필요한 건 싹 없애시면 됩니다. 그럼 집안일이 훨씬 수월해져요.

화장실도 비우세요. 화장실 청소가 진짜 귀찮잖아요. 샴푸와 바디 샴푸 두 개만 남기세요. 세면대에 놓인 고체 비누를 액체 비누로 바꾸면 비누통 매번 안 씻어도 돼요. 변기솔도 버리세요. 변기를 청소할 땐 두루마리 휴지로 닦고 물 내리면 됩니다. 변기솔 쓰면 그거 보관하는 게 더 지저분해요.

치워야 할 품목들이 좀 줄었나요? 좋아요. 이번 기회에 '평소 청소하기 귀찮았던 항목'이 무엇이었나 살펴보세요. 그리고 편하게 바꿔보세요.

솔직히 말씀드리면 100리터짜리 네 장으로는 티도 안 날 거예요. 전 세 번에 걸쳐서 1,500리터를 버렸는데, 그제야 밖으로 나오는 물건이 사라지더라고요. 하지만 일단 400리터를 버려보면, 여러분은 정리신을 영접하게 될 거예요. 집에 더 이상 버릴 물건이 없어질 때까지 신께서 인도해주실 겁니다. 믿으세요. 편의점에 가서 100리터짜리 네 장만 사시면 됩니다.


② 해야 할 일 목록To Do List

제가 한때 살림에 불붙었을 때는요. 매일같이 세탁기를 돌렸어요. 주말에 요리 엄청 열심히 하고요. 애들 쿠키랑 빵까지 만들어줬네요. 지금은 세탁을 2~3일에 한 번으로 줄였어요. 밥도 배달 주문 많이 해먹습니다. 아이들 태권도 학원도 다 끊었지요. 학원 데려다주기 너무 귀찮아서요. 으하하하(미안하다 애들아).

많이 편해졌지만 요즘도 문득 일상이 버겁게 느껴져요. 왜 그런가 답답했는데, 제가 아직 일을 많이 하고 있었나 봐요. 직장 동료에게 우리 집 침대보 주말마다 빤다고 했더니 다들 "으헉~! 그렇게 자주 빨아요? 그러니까 힘들지!" 그러더라고요.

아마 여러분도 유달리 많이 하는 일들이 있을 거예요. 한번 목록을 죽 적어보고 생존과 직결되지 않는 문제들은 잠시 손 놓아보세요. 혹시 아이 빨래, 어른 빨래 나눠서 하시나요? 그렇게 안 해도 괜찮아요. 아빠 양말에서 무좀균 옮아 죽었다는 아이 못 봤습니다.

한편 해야 할 일 목록을 줄이는 또 다른 방법은 그 일을 해버리는 거예요. 몇 주째 미뤄왔던 일이 있다면 이번 주말에 도전해보세요. 철 지난 옷 드라이 맡기기, 자동차 에어컨 필터 바꾸기, 와이퍼 바꾸기, 소파 청소하기 등이요.

어떠세요? 상상만으로도 마음이 가볍지 않으세요? 집으로 떠나는 여행, 진정한 일상 탈출 만끽하시길 바랍니다.

# 멀리 여행 안 가도
# 괜찮아요

어린아이 있는 집은 여행 가기 참 어렵죠. 가까운 곳이라도 엄두가 안 나요. 그럼에도 우리는 아이를 데리고 떠납니다. 아이와 함께하는 시간은 너무나 짧으니까요. 지금 아니면 언제 추억을 만들겠어요.

푸른 바다, 파아란 하늘, 불타는 노을 속에서 행복하게 웃는 가족. 상상만 해도 행복하죠. 때마침 유치원에서 돌아온 아이가 애교 띤 얼굴로 말합니다. 누구누구는 어디 갔는데 우리도 놀러 가자고. "그래. 인생 뭐 있냐. 가자, 애들아."

드디어 여행을 떠나는 날입니다. 즐거울 거란 기대는 이미 이틀 전에 포기했지만, 좀 너무한다는 생각이 듭니다. 어딜 가도 5분을 못 기다리고 지겨워 죽겠다 난리네요. 무거운 짐에, 빠듯한 일정에, 정신이 하나도 없는데, 아이들은 이리 뛰고 저리 뛰고 갈지자로 걸어다녀요.

'그래도 도착하면 천국이 펼쳐져 있겠지….' 절망적인 상황에서도 희망을 버리지 않고 꾹 참습니다.

하지만 그런 꿈은 이뤄질 리가 없죠. 아직 어린아이니까 관광은 최소한으로 짰건만, 숙소 밖으로 나오면 "우리 언제 방으로 돌아가?" 이것만 물어보네요. 덥다고 짜증 내고 20미터를 못 걸어요. "야야, 이거 한번 봐봐~" 아무리 꼬셔봐도 "엄마, 우리 언제 방에 돌아가냐고. 나 수영장 가고 싶어." 이 대답뿐.

'그래, 내가 단단히 착각을 했구나' 이제 다음 여행은 대자연에 풀어놓아봐요. 허허허. 애들은 거대한 자연조차 별 관심 없나봐요. 주변 경관은 보지도 않아요. 어느 곳이든 돌멩이, 나뭇가지, 개미 잡고 놀아요. 어느 바다에 데려다 놓아도 똑같이 모래놀이만 해요.

몇 년 해보니, '수영장에서 수영하러 여행 가는구나. 모래놀이 하려고 여행 가는구나.' 이런 결론에 도달하더라고요. '그냥 집에서 주말에 수영장 가고, 놀이터에서 모래 놀이하면 되나? 아이들 이동하려면 힘든데, 숙소 바뀌면 잠도 잘 못 자고.' 이 생각까지 들었어요. 하지만 이건 또 너무 나간 것 같아 고개를 절레절레 흔들었죠.

그러다 어느 날, 여행 갔다 돌아와보니 우리 집이 부쩍 커 보이는 거예요. "좁은 숙소에서 우리 뭔 고생을 하고 온 거래?" 이 말이 절로 나오더라고요. 처리해야 할 일들이 밀려 있는 건 덤이었고요. 그날로 남편과 저는 당분간 여행을 떠나지 않아 보기로 약속했어요.

중간 결과 보고드릴까요? 그렇게 반년 넘어가니 여행 욕구가 거의 사라질 지경이 되었어요. 전에는 주변에서 여행 다녀왔다는 얘기 들을 때마다 여행 가고 싶은 마음에 들썩들썩거렸거든요. 훌쩍 떠날 수 없는 현실을 원망까지 했었죠. 그런데 신기하게 요즘에는 별 느낌이 안 들더라고요.

아마 집에서의 생활이 더 탄탄해져서인 것 같아요. 일상을 굳이 흐트러뜨리고 싶지 않은 거죠. 편안함 속에서 느끼는 소소한 즐거움이 '가슴 뛰고 설레지만 힘든' 일상 탈출보다 저희 가족에게 더 맞았나 봐요.

아이들에게 좋은 추억을 선사하려고 꼭 멀리 나갈 필요는 없어요. 아이는 결국 '여행의 느낌' 이것을 기억할 테니까요.

아이가 행복하다면 지구상 어디라도 상관없지요. 누구나 편안하고 기분 좋게 웃을 수 있는 곳, 바로 그 장소를 발견할 수 있길 바랍니다. 어쩌면 우리가 이미 살고 있는 동네일지도 몰라요.

# 우리를 괴롭히는
# 인간관계 정리법

인생에서 가장 소중한 게 무엇인지 한번 생각해봅시다. 잠들면서 "아, 오늘은 정말 행복한 하루였어"라고 말할 만큼 이상적인 하루를 그려봅시다.

그 하루를 누구와 함께 보내죠?

나 혼자 산다고요?

흐흐흐. 백 번 공감합니다. 하지만 영원히 혼자 사는 건 좀 외로우니까 다른 하루도 한번 더 떠올려볼게요. 누구와 함께 지냈으면 좋겠죠? 나를 행복하게 만들어주는 사람들은 누구죠? 아이, 배우자, 딱 우리 식구군요.

행복이 멀리 있지 않네요. 이미 누리고 있습니다. 그런데 지금 행복하신가요? 이 소중한 사람들과 충분히 즐거운 시간을 보내고 있나요?

어쩌면 우리는 아무 상관없는 이유로 가족에게 화풀이하고 있을지 모릅니다. 외부의 스트레스, 근심, 걱정, 이런 것들이 우리 마음속 깊은 사랑을 드러내지 못하게 방해하고 있을 거예요.

그렇다면 지금 이 문제를 해결해볼게요. 우리의 에너지를 잡아먹고 근심하게 만드는 존재를 제거합시다. 우리를 가장 괴롭히는 게 무엇인지 생각해보세요.

그놈, 그 자식, 그분이 떠오르나요? 그래요. 스트레스의 최고봉은 역시 인간관계죠. 이 때문에 소모되는 정신적 에너지는 진짜 말로 다 못 할 거예요. 그러나 한편으론 오히려 제거하기 쉬운 스트레스이기도 합니다. 직장을 옮기거나 사는 공간을 바꾸는 것은 오랜 시간과 비용이 들지만, 이 문제는 나 혼자 당장 해결할 수 있으니까요. 그냥 끊어버리면 되잖아요.

여기서 피식 헛웃음이 나오는 분들도 계실 거예요. 맞아요. 그 사람과 연을 끊을 수 없는 이런저런 사연이 있겠죠. 그래서 지금까지 괴로워도 참았을 겁니다. 그 사람이 부모님, 배우자의 부모님, 내 밥줄 쥐고 있는 상사, 친한 친구일 수도 있고요.

저도 그랬습니다. 엄청난 스트레스를 받으면서도 가까운 사람이니까, 문제 일으키고 싶지 않아서, 나만 참으면 되니까, 그 관계를 정리하지 못했어요. 상대방이 원하는 대로 되도록 맞춰 줬지요.

하지만 상대의 요구는 끝이 없었고 저는 지쳐갔습니다. 원하는 바를 도저히 만족시킬 수 없는 상태가 되자, 그쪽은 오히려 저를 비난하더군요. "넌 참 매정하구나. 인간이 어쩌면 이럴 수가 있니. 너는 예의를 모르는구나. 지금 네가 도리를 다하고 있다는 거냐?"

그렇게 몇 년을 버티다 제 삶을 돌아볼 기회가 생겼어요. '더 이상 이렇게 살 수 없어. 내일 더 살고 싶은 이유가 없어.' 절망감에 압도된 어느 날이요. 남 때문에 진짜 소중한 내 사람들한테 미소 짓지 못하며 살 이유는 없더라고요. 내가 괴로워 죽겠는데 못할 게 뭐 있나 싶었어요.

그날로 괴로운 관계를 잘라내 버렸습니다. 단체 카톡방을 나오고, 의무적으로 하던 전화를 중단하고, 만나자는 약속을 거절했어요.

처음엔 '이래도 될까?' 걱정했습니다. 그런데 해보니 '그동안

이 쉬운 걸 왜 마음 고생했나' 후회되더라고요. 제가 아쉬울 것 하나 없던 거였어요.

왜냐하면 그들은 제 인생에 진짜 중요한 사람이 아니니까요. 저를 좋아하지도, 제가 좋아하지도 않는 사람이잖아요. 따져보면 그 사람이 저한테 그동안 잘해준 적도 없더군요. 그 말은 앞으로도 제 인생에 하등 도움이 안 될 거란 말이네요? 그러니까 끊어내도 별 상관없을 수밖에요.

그렇게 인간관계를 정리하고 나니 마음이 너무나 평온해졌습니다. 가족들에게 이유 없이 화냈던 날들이 사라졌어요. 그동안 꼬인 관계로 인한 스트레스가 제 에너지를 갉아먹고 있었던 모양이에요.


저는 우리 모두 이 굴레를 벗어날 수 있길 바랍니다. 다른 사람 때문에 소중한 아이에게, 사랑하는 배우자에게 더 이상 상처 주지 않았으면 좋겠어요.

물론 쉽지는 않을 겁니다. 인간관계를 끊으려고 한다면, 아마 상대방은 동정심과 죄책감을 자극하며 버틸 거예요. 피도 눈물도 없는 냉혈한이라며 비난을 퍼부을 테죠. 하지만 흔들리지 마세요. 우리는 좀 못돼 치먹어도 괜찮아요. 그 자는 이미 우리를 오랜 시간 괴롭혀왔잖아요. 그 자도 한번 나 때문에 괴로우라죠 뭐.

한번 관계를 끊어보면 생각보다 별일 안 생긴다는 것을 깨닫게 될 거예요. 오히려 내가 멀리하는 순간, 갑자기 나에게 예의 바르게 구는 상대방을 맞닥뜨리게 될 수도 있어요. 인간이 참 신기한 게 잘해주면 함부로 대하고, 단호해지면 그제야 정신을 차립니다. 물론 이런 태도에 속아서 다시 받아주면 그 사람은 곧 원래대로 돌아가 나를 괴롭혀요. 사람은 안 바뀝니다. 그냥 정리하세요.

지금은 나와 내 가족만 생각하세요. 사랑하는 사람들과 행복해질 그날을 응원합니다.

# 직장,
# 다닐까 말까

저는 학교를 졸업한 후로 14년 넘게 계속 일했어요. 그동안 사표 내고 싶었던 순간이 칠백 번은 될 거예요. 매주 월요일만 되면 관두고 싶었거든요. 1년은 52주니까 $14 \times 52 = 728$. 칠백 번 넘는 것 맞죠? 히히히.

솔직히 말하면 천 번을 넘게 관두고 싶었어요. 아이 낳고 난 뒤로는 하루에도 몇 번씩 마음이 흔들렸으니까요. 그 기간만 10년이 넘었네요. 일과 양육 사이에서 갈팡질팡 질풍노도의 시기를 겪었죠.

아이가 출근길에 "엄마 가지 마. 나랑 놀아. 회사 가지 마." 하면서 울며 붙들 때, 억지로 떼고 돌아서서 눈물 흘리지 않은 엄마가 있을까요. 그런 날은 '지금 뭐 하는 짓인가. 뭘 위해 이렇게 살아야 하나.' 온종일 손에 일이 안 잡혔습니다.

고통스러운 나날이었어요. 하지만 그럼에도 일을 놓지 못했지요. ① 돈을 벌어야 했고, ② 좋든 싫든 일 역시 제 삶의 일부니까요. 쉽게 결정하기 어려웠습니다.

①번 이유야 복권에 당첨되지 않는 한 답이 없는 문제고, 솔직히 돈 버는 목적은 '아이들을 위해서'이므로 양육과 일 사이에서 큰 갈등을 일으키지 않았어요.

그러나 '일은 내 삶의 일부'라는 이유는 '나 vs. 아이'로 대립 구도를 만들었어요. '아이'를 버리고 '나'를 택했다는 생각에 제 마음은 죄책감으로 가득 찼지요. "이래 놓고도 세상에서 가장 중요한 게 네 아이라고 말할 거냐! 위선자!" 누군가 늘 꾸짖는 것만 같았습니다.

그래도 그만둘 수가 없었어요. 지금 직장에서 이탈하면 영원히 돌아올 수 없을 거라는 생각에 불안했거든요. 만약 돌아온다 하더라도 더 불리한 조건으로 일하게 될 가능성이 높아 보였어요.

한편 '내가 직장을 관두는 게 과연 아이를 위한 일일까?' 이 질문에 대한 답도 확신이 들지 않았어요. 육아휴직 딱 한 달 했을 때 제가 받았던 스트레스며 아이들에게 해댔던 잔소리를 떠올려보니, 밖에서 일하는 게 더 낫겠다 싶기도 했거든요.

남편도 말렸어요. "당신이 아이들 키우고 살림하면 나한테 더 성질 낼 것 같아. 난 지금이 좋아. 그냥 계속 직장 다니지 그래? 어후, 상상만 해도 무서워. (잠깐, 이 여자 표정을 보니 이게 답이 아닌가?) 아니 아니, 하하하. 난 당신이 하는 말 언제나 진지하게 받아들일 자신 있어. 관두고 싶으면 언제든 관둬. 괜찮아." 그는 정말 진지하게 말렸어요.

남편 말이 맞았어요. 육아에 자신 없는 상태에서 직장을 포기하는 건 위험이 컸어요. '아이에게 나는 과연 좋은 엄마일까? 적응 못 하고 괜히 화만 버럭버럭 내는 것 아닐까?' 이러지도 못하고 저러지도 못하고 시간만 흘러갔죠.

그런데 참, 답은 기다리면 나오는 거였더군요. 아이를 내 손으로 키우고 싶어 미치겠고, '일 같은 거 앞으로 안 하면 어때? 괜찮아! 나 그동안 왜 못 관뒀니?' 하고 미련이 확 사라지는 순간이 찾아오더라고요. 신기하게요. 그 순간 일을 과감히 줄였습니다. 아무 고민 없이요.

돌이켜보니 그때까지 버티길 잘한 것 같아요. 그 전에 집으로 돌아갔다면 '아이를 위해서 선택했다' 이렇게 여겼을 것이 뻔하거든요. 그럼 아이가 제 말에 따라주지 않고 짜증 낼 때마다 제가 얼마나 답답하고 속상했겠어요. 어쩌면 '너 때문에 희생했다'라는 부담을 아이에게 지웠을지도 몰라요.

그래서 참 다행이에요. '제가' 일을 줄이고 싶어서, '제가' 아이를 키워보고 싶어서 선택했더니 후회가 하나도 없거든요. 그냥 맘 가는 대로 따랐던 게 정답이었나 봐요.

그래도 아이가 어렸을 때 함께하지 못한 게 조금은 후회되지 않느냐고요? 음… 지금은 그렇지 않아요. 제 몸이 두 개가 아닐진대 직장과 집 중 한 곳을 비울 수밖에 없잖아요. 저는 최선을 다했고, 어쩔 수 없는 일을 후회해봤자 무슨 도움이 되겠어요.

한편 저는 제 딸 역시 직장에 다녔으면 좋겠더라고요. 그 생각이 든 순간, '우리 엄마도 그랬겠구나!' 깨달았고요. 그러니까 어머니가 절 가르치고, 공부 잘하라고 격려해주지 않았겠어요? 어머니의 바람대로 제가, 제 바람대로 제 딸이, 그렇게 이룰 운명이니 미안할 이유가 뭐 있겠어요. 나중에 저희 딸 직장 다니면, 그때 손주 돌봐주며 도와주죠 뭐. 그럼 진짜 후회 없는 삶일 것 같아요.

걱정과 죄책감은 이제 그만 내려놓으세요. 우리는 주어진 삶을 살면 됩니다. 기다려보세요. 때는 반드시 오니까요.

직장 다닐까 말까 잠 못 들고 고민하는 엄마들에게 이 글을 바칩니다.

# 나의 성장,
# 느리게 가도 괜찮아요

20대 시절, 참 욕심이 많았어요. 남들보다 앞서고 싶었고 빨리 가고 싶었어요. 그만큼 열심히 살 자신도 있었고요. 얼마나 꿈이 컸는지, 세상을 누비고 살 줄 알았다니까요.

나이를 먹으면서 점점 제 능력이 어느 수준인지 감을 잡게 됐죠. 현실을 자각할 때마다 움츠러들긴 했지만, 그래도 '열심히 하면 그럭저럭 자아실현 근처는 갈 수 있겠다' 하는 희망을 잃지 않았습니다.

시간이 흘러 결혼하고 아이를 낳았어요. 너무나도 바랐던 일인데 이런, 기대했던 인생이랑 완전히 다르데요? 그때부터는 자아실현이고 뭐고 생존에 급급한 날들이 펼쳐졌습니다. 그러다 어느 순간 제 자신은 저 뒤로 밀려 있다는 걸 깨달았어요. 남편 뒷바라지와 아이 키우기에 제 시간과 노력을 다 쓰고 있더라고요.

이렇게 마냥 뒤처질 순 없다는 생각에 괴로웠어요. 마음을 다잡았지요. '내 인생은 내가 만든다! 남 핑계 대지 마! 다시 앞으로 나가는 거야!'

하지만 현실성 없는 공허한 구호였습니다. 시간이 없어도 너무 없는 거예요. 애 없을 때보다 반 토막이 뭔가요, 1/3도 시간이 안 나던걸요. 어후, 너무 속상했어요. 제가 초능력자가 된다 해도 절대적으로 시간이 부족했어요. 어떻게 전보다 3~4배로 일을 해내요. 심지어 아이한테 정신 팔려 집중 안 되지, 체력 바닥이지, 결국 남들에 비해 3배 느리게 갈 수밖에 없더라고요.

하지만 제 욕심은 1/3로 줄어들지 않았어요. 그러니 얼마나 초조하고 갑갑했겠어요. 주저앉아 있기 싫어서 이것저것 다 찔러봤습니다.

새로운 사업을 모색해본다며 제안서를 내보고, 구인공고가 뜨지도 않은 기업에 이력서를 등록한 적도 있었어요. '혹시 회사에 정신과 의사 안 필요하우?' 무려 IT 기업에요. 크크크.

책 낸다고 A4 120쪽짜리 글도 써봤네요. 아, 혹시 혼란스러우실까 봐 알려드릴게요. 이 책이 출간된 첫 번째 책 맞습니다. 그때 쓴 글은 아직 하드에 고이 잠들어 있어요. 출판사 스무 군데 보내봤는데 다 퇴짜 맞았거든요. 으하하.

되는 일은 하나도 없고, 끝없는 터널을 통과하는 기분이었습니다. 답답하고 원망스러웠어요. '왜 나만 엄마라는 이름으로 멈춰서야 하지? 아빠는? 아빠는 뭐 해? 저 사람은 왜 멈추지 않아?' 죄 없는 남편에게도 괜히 화가 났어요.

그렇게 10년이 흘렀어요. 이쯤 되니까 '인간은 동시에 여러 가지 일을 제대로 할 수 없다'라는 진실이 드디어 받아들여지더군요. 아이를 키우는 일이 좀 어려운가요. 여기에만 온 힘을 다 쏟아도 모자란데, 다른 일까지 동시에 해낼 수 있을 리가요. (이 책 쓰는 동안 육아 살림 다 엉망이 된 건 안 비밀)


아이들 어릴 때는 어쩔 수 없는 것 같아요. 도로 뱃속에 집어넣을 수 없는 한, 엄마의 에너지는 아이로 향할 수밖에요. 그만큼 '나의 성장 속도'는 정체하는 것처럼 보일 테고요.

하지만 진짜 멈춰 있는 건 아니죠. 위로 올라가던 화살표가

옆으로 방향을 틀었을 뿐. 그것도 어마어마한 속도로요. 아이로 인해 인생의 폭이 얼마나 넓어졌습니까! 혼자였을 때보다 10배는 넓어지지 않았나요? 우리는 완전히 다른 세상을 경험하고 있잖아요.

이리저리 왔다 갔다 천천히 가도 괜찮아요. 요즘은 평균 80년 사는걸요. 빨리 목적지에 도달하는 게 무슨 소용이래요. 남은 기간 심심해서 어쩌려고요.

그리고 말이죠. 느리게 가는 기간이래 봤자 기껏해야 10년이에요. 80년 인생에 10년이면 그리 긴 시간도 아니잖아요. 앞으로 3~40년 나 하고 싶은 거 하면서 살면 돼요.

'지금 이 순간을 즐겨라.' 이 말에 속상하고 조급할 일 하나 없어요. '나는 아이가 있어 이 순간을 못 즐기는구나!' 이러지 마세요. 해석을 잘하셔야 해요. 원작자는 '지금 이 순간에 최선을 다하라.' 이런 의도로 말했을 테니까요.

우리의 당면 과제는 육아지요. 그걸 열심히 하면 이 순간에 최선을 다하고 있는 겁니다. 아이가 자라서 엄마 손이 필요 없어지면 '나의 성장'으로 과제가 옮겨가요. 그때 내 성장에 집중하면 됩니다. 그렇게 인생을 즐기세요.

그런 날이 안 올까 봐 걱정되시나요? 에이, 속는 셈치고 제 말 한번 믿어보세요. 어차피 지금 다른 방법도 없잖아요. 손해 볼 것 없어요. 막내가 초등학교 들어가면 길이 열린다니까요? 진짜예요!

에필로그

# 완벽하지 않아도
# 괜찮아요

여기까지가 제 이야기의 끝입니다. 어떠셨나요. 마음이 조금 편해지셨나요. 좋은 부모가 될 수 있다는 자신감이 생겼는지요.

좋은 부모란 무엇일까요. 고상하고 지적인 부모, 다정한 부모, 자기관리 잘하고 성실한 부모 등등. 뭐 여러 가지 미덕이 있겠죠.

아이에게 좋은 부모가 되고 싶은 건 누구나 바라는 소망일 거예요. 존경받는 건 아닐지라도 최소한 부끄럽지 않은 부모이고 싶죠. 그래서 위에 언급한 미덕을 갖추느라 있는 노력 없는 노력, 고생하는 분들 참 많아요.

적성에 안 맞는 고운 말 쓰느라 한글 공부 다시 하는 부모. 세상에서 제일 좋은 게 라면이지만, 아이 앞에선 "그건 정크푸드야!"라며 속마음을 숨기는 부모. 어렸을 때 맨날 TV 끼고 살았으면서 아이에게 'TV 평생 안 보고 살아온 척' 연기하는 부모. 내 새끼지만 미워 죽겠을 때도 애써 미소 지으며 정신을 수양하는 부모.

하지만 인간이 어떻게 항상 이럴 수 있겠어요. 평소 쓰는 말투대로 험한 말 훅 나가고, 밥 하기 귀찮아서 컵라면 끓여주고, 될 대로 돼라 TV 틀어주고, "아 쫌 그만하라고!" 소리칠 때가 반드시 있죠. 그럼 어떻게 돼요? 자기 전에 또 참회의 시간을 가져요. '나는 쓰레기야. 모범적인 부모는 개뿔. 왜 이 정도밖에 안될까? 아이들한테 잔소리할 자격도 없어.'

그런데요, 자괴감에 빠지기 전에 잠깐만요. 우리 부모님 기억 한번 소환해볼게요. 그들은 완벽했나요?

TV를 멀리하고 책과 벗 삼던 현자였나요? 놀아 달라 다가갈 때 언제나 두 팔 벌려 환영하는 에너자이저였나요? 나의 이야기에 귀 기울이고 진심으로 공감해주는 소울메이트였나요? 아무리 화가 나도 감정에 휩쓸리지 않으며 항상 자비로운 성자였나요?

부모님께 상처받았던 적 없나요? 서운한 기억은요? '왜 어른이면서 유치하게 구는 걸까' 답답했던 적 없나요?

그래요. 우리 부모님은 완벽한 사람이 아니었어요. 그래도 여러분은 잘 자랐네요. 오히려 부모님의 단점을 교훈 삼아 더 나은 사람이 되었을 테죠. 아직 극복하지 못했더라도, '부모님의 어떤 모습은 바람직하지 않다는 걸' 깨달은 사람으로 컸을 거예요.


아이는 부모의 전부를 배워요. 장점을 보며 닮고, 단점은 '나는 이러지 말아야겠다!' 하고 반면교사로 삼습니다. 우리가 모든 방면에서 모범적이지 않아도 아이는 우리보다 더 나은 어른이 될 거예요.

완벽하지 않아도 괜찮아요. 남들이 정해준 기준에 맞추려고 아등바등하실 필요 없습니다. 엄마가 편안하면 아이는 알아서 잘 큽니다. 그리고 있죠. 사람이 완벽하면 정이 안 가요. 좀 허술해야 매력 있잖아요. 아이랑 친해지고 싶다면서요. 그럼 오늘부터 더 풀어지세요.

저를 믿고 끝까지 함께 와주신 여러분께 진심으로 감사의 인
사를 전합니다. 오늘도 내일도 편안한 하루 보내세요!

KI신서 9355

제로 육아

**1판 1쇄 인쇄** 2020년 10월 13일
**1판 2쇄 발행** 2022년  2월 25일

**지은이** 김진선
**펴낸이** 김영곤
**펴낸곳** ㈜북이십일 21세기북스

**출판마케팅영업본부 본부장** 민안기
**출판영업팀** 김수현 이광호 최명열
**제작팀** 이영민 권경민
**디자인** 임현주 김진희

**출판등록** 2000년 5월 6일 제406-2003-061호
**주소** (10881) 경기도 파주시 회동길 201(문발동)
**대표전화** 031-955-2100 **팩스** 031-955-2151 **이메일** book21@book21.co.kr

**(주)북이십일 경계를 허무는 콘텐츠 리더**

21세기북스 채널에서 도서 정보와 다양한 영상자료, 이벤트를 만나세요!
**페이스북** facebook.com/jiinpill21          **포스트** post.naver.com/21c_editors
**인스타그램** instagram.com/jiinpill21          **홈페이지** www.book21.com
**유튜브** www.youtube.com/book21pub

**서**울대 **가**지 않아도 들을 수 있는 **명강**의! 〈서가명강〉
유튜브, 네이버, 팟캐스트에서 '서가명강'을 검색해보세요!

ⓒ 김진선, 2020
ISBN 978-89-509-9197-5   03590